2014—2015

计算机科学技术

学科发展报告

REPORT ON ADVANCES IN
COMPUTER SCIENCE AND TECHNOLOGY

中国科学技术协会　主编
中国计算机学会　编著

中国科学技术出版社
·北　京·

图书在版编目（CIP）数据

2014—2015计算机科学技术学科发展报告 / 中国科学技术协会主编；中国计算机学会编著 . —北京：中国科学技术出版社 , 2016.2

（中国科协学科发展研究系列报告）

ISBN 978-7-5046-7074-8

Ⅰ.① 2… Ⅱ.①中… ②中… Ⅲ.①计算机科学—学科发展—研究报告—中国— 2014—2015 Ⅳ.① TP3-12

中国版本图书馆 CIP 数据核字（2016）第 025902 号

策划编辑	吕建华　许　慧
责任编辑	韩　颖
装帧设计	中文天地
责任校对	刘洪岩
责任印制	张建农

出　　版	中国科学技术出版社
发　　行	科学普及出版社发行部
地　　址	北京市海淀区中关村南大街16号
邮　　编	100081
发行电话	010-62103130
传　　真	010-62179148
网　　址	http://www.cspbooks.com.cn

开　　本	787mm×1092mm　1/16
字　　数	250千字
印　　张	11.5
版　　次	2016年4月第1版
印　　次	2016年4月第1次印刷
印　　刷	北京盛通印刷股份有限公司
书　　号	ISBN 978-7-5046-7074-8 / TP·399
定　　价	48.00元

2014—2015
计算机科学技术学科发展报告

首席科学家 金 芝

专 家 组（按姓氏汉语拼音排序）

陈胜勇　陈益强　冯　丹　胡　斌　黄继武

李建中　廖小飞　刘　挺　刘云浩　罗军舟

吕卫峰　马华东　潘　纲　王千祥　王新兵

肖　侬　徐　恪　於志文　朱　军

学术秘书 刘譞哲

党的十八届五中全会提出要发挥科技创新在全面创新中的引领作用，推动战略前沿领域创新突破，为经济社会发展提供持久动力。国家"十三五"规划也对科技创新进行了战略部署。

要在科技创新中赢得先机，明确科技发展的重点领域和方向，培育具有竞争新优势的战略支点和突破口十分重要。从 2006 年开始，中国科协所属全国学会发挥自身优势，聚集全国高质量学术资源和优秀人才队伍，持续开展学科发展研究，通过对相关学科在发展态势、学术影响、代表性成果、国际合作、人才队伍建设等方面的最新进展的梳理和分析以及与国外相关学科的比较，总结学科研究热点与重要进展，提出各学科领域的发展趋势和发展策略，引导学科结构优化调整，推动完善学科布局，促进学科交叉融合和均衡发展。至 2013 年，共有 104 个全国学会开展了 186 项学科发展研究，编辑出版系列学科发展报告 186 卷，先后有 1.8 万名专家学者参与了学科发展研讨，有 7000 余位专家执笔撰写学科发展报告。学科发展研究逐步得到国内外科学界的广泛关注，得到国家有关决策部门的高度重视，为国家超前规划科技创新战略布局、抢占科技发展制高点提供了重要参考。

2014 年，中国科协组织 33 个全国学会，分别就其相关学科或领域的发展状况进行系统研究，编写了 33 卷学科发展报告（2014—2015）以及 1 卷学科发展报告综合卷。从本次出版的学科发展报告可以看出，近几年来，我国在基础研究、应用研究和交叉学科研究方面取得了突出性的科研成果，国家科研投入不断增加，科研队伍不断优化和成长，学科结构正在逐步改善，学科的国际合作与交流加强，科技实力和水平不断提升。同时本次学科发展报告也揭示出我国学科发展存在一些问题，包括基础研究薄弱，缺乏重大原创性科研成果；公众理解科学程度不够，给科学决策和学科建设带来负面影响；科研成果转化存在体制机制障碍，创新资源配置碎片化和效率不高；学科制度的设计不能很好地满足学科多样性发展的需求；等等。急切需要从人才、经费、制度、平台、机制等多方面采取措施加以改善，以推动学科建设和科学研究的持续发展。

中国科协所属全国学会是我国科技团体的中坚力量，学科类别齐全，学术资源丰富，汇聚了跨学科、跨行业、跨地域的高层次科技人才。近年来，中国科协通过组织全国学会开展学科发展研究，逐步形成了相对稳定的研究、编撰和服务管理团队，具有开展学科发展研究的组织和人才优势。2014—2015 学科发展研究报告凝聚着 1200 多位专家学者的心血。在这里我衷心感谢各有关学会的大力支持，衷心感谢各学科专家的积极参与，衷心感谢付出辛勤劳动的全体人员！同时希望中国科协及其所属全国学会紧紧围绕科技创新要求和国家经济社会发展需要，坚持不懈地开展学科研究，继续提高学科发展报告的质量，建立起我国学科发展研究的支撑体系，出成果、出思想、出人才，为我国科技创新夯实基础。

2016 年 3 月

>>>> 前言

计算机科学技术的高速发展为国民经济发展提供了强大的推动力，特别是在互联网时代，促进了传统产业的革新和现代服务业的兴起。

本发展报告旨在介绍中国计算机科学技术各领域发展现状和热点问题，展望未来发展趋势和动向，为科研人员、计算机领域教育人士、在学研究生、企业提供宏观技术参考。经过广泛征稿、严格评审等过程，报告最后选定高性能计算技术、中国云重点专项、大数据、物联网、深度学习、健康感知与计算、穿戴计算七个专题，总结了近年来中国计算机科学技术发展的部分重要成果。

这些专题报告分别由活跃在这些研究领域的一线科研人员撰写，详细介绍了相应研究领域在研究、开发和应用等方面取得的进展，并对国内外在该研究领域的研究现状进行了对比，分析了未来可能的发展趋势。从一定角度反映了中国计算机科学技术工作当前的研究进展和现状，对学术研究和人才培养有重要参考价值，将为促进中国计算机科学与技术的发展、推动中国信息化进程起到重要作用。

限于时间和水平，本报告对某些问题的研究和探索还有待进一步深化，敬请读者不吝赐教。

最后，对为本报告贡献稿件的所有专家表示感谢。中国计算机学会学术工作委员会的委员们在本报告评审、内容研讨和综审过程中付出了辛勤劳动。中国计算机学会郑纬民理事长、杜子德秘书长等对报告的编写给予了许多指导和支持。在此一并向他们表示感谢。

中国计算机学会

2015 年 9 月

>>>> 目录

ABSTRACTS IN ENGLISH

综合报告

计算机学科研究的现状与趋势

一、引言

当前，信息技术已经深刻影响人类的生产方式、认知方式和社会生活方式，成为推动经济增长和知识传播应用的重要引擎以及惠及大众与社会发展的基本技术途径。计算机科学技术是信息技术中最活跃、发展最迅速、影响最广泛的学科之一，其发展对提升工业技术水平、创新产业形态、推动经济社会发展发挥了巨大作用，促进了传统产业革新、现代服务业兴起等各个领域的重大变革，为国民经济发展提供了强大的推动力，并深刻影响着社会经济生活的运行。计算机科学技术及其应用水平已经成为衡量一个国家综合竞争力的重要标志。

进入 21 世纪以来，党和政府十分重视计算机科学技术的发展，2006 年发布的《国家中长期科学和技术发展规划纲要（2006—2020 年）》（国发〔2005〕44 号）指出，国民经济与社会信息化和现代服务业的迅猛发展对信息技术发展提出了更高的要求，并将信息产业列入重点领域及优先主题，特别是将"核心电子器件、高端通用芯片及基础软件产品""新一代宽带无线移动通信网"等列入 16 个重大专项，为中国信息技术领域实现跨越式发展创造了重要机遇。《国家信息化发展战略（2006—2020 年）》（中办发〔2006〕11 号）进一步提出"充分发挥信息化在促进经济、政治、文化、社会和军事等领域发展的重要作用，不断提高信息化水平，走中国特色的信息化，促进中国经济社会又快又好发展"的指导思想。2011 年制定了《进一步鼓励软件产业和集成电路产业发展的若干政策》。2012年国务院还将"高端软件和新兴信息服务产业"列入《"十二五"国家战略性新兴产业发展规划》，党的十八大亦对社会信息化和信息产业的发展做了重大部署。这些纲要和规划为中国计算机科学技术的发展提出了明确的目标和任务。

为了全面实施上述纲要和发展战略，科技部、国家自然科学基金委以及其他相关部委等从计算机科学技术的各个方面进行了全面部署，对计算机科学技术的研究和产业发展给予了强有力的支持，计算机科学技术领域在中国的科技发展布局中已经处于举足轻重的地位。

"十五""十一五"期间，计算机科学技术领域在一批重大示范应用和技术支撑环境建设上卓有成效，以"天河一号"高性能计算机、中文信息处理为代表的多项成果技术指标超过和达到国际一流水平，以国产CPU芯片、TD-CDMA无线通信标准为代表的多项成果完成了中国在核心关键技术上"从无到有"的自主式跨越，多项成果完成产业化并投入市场应用，在部分关键领域应用中取代了国外同类产品，改变了中国在计算机科学技术与产业发展和关键部门应用上受制于人的被动局面。

在"十五""十一五"期间计算机科学技术取得的成果基础上，"十二五"期间，中国进一步加大了对重大技术系统或战略产品的支持力度，培育出若干战略性新兴产业或增长点，延拓计算机科学技术应用的深度和广度，支持现代服务业发展，促进产业结构的调整，并面向构建更高速、更有效、更智能、更安全、可持续的信息技术未来世界，力求在前沿领域寻求基础性突破，并充分关注推动当前计算机科学技术发展热点的原创性突破，以占领未来产业发展的制高点。

"十二五"时期是信息技术重大变革发生的孕育期，世界各国都在抓紧进行战略布局，力求寻找突破口赢得先机。未来五年是中国发展新一代计算机科学技术的重要机遇期，切实加强前瞻性研究，构建完善的计算机科学技术生态系统和产业链，是实现中国计算机科学技术和产业跨越式发展的关键。

近年来，中国在高性能计算机系统和高性能计算、大数据应用驱动下的计算和软件模型、云服务平台和基础设施的部署、可穿戴设备和健康感知及其普及性应用等方面，取得了一系列突破性进展，标志性成果突出，关键技术研发水平提升明显，对产业发展的超前引领与带动作用显著增强，前沿技术探索成果丰硕，为中国计算机科学技术的可持续发展奠定了坚定的技术基石。

本报告将介绍中国近年来计算机科学和技术学科领域内的代表性新进展和新成果，对计算机科学和技术学科国内外发展状况进行回顾和总结，最后简要讨论其未来的发展趋势。

二、中国计算机学科最新研究进展

下面从计算机系统结构、网络基础设施和相关技术、计算机软件和理论以及智能感知和人机交互四个方面分别阐述中国计算机科学技术学科的最新研究进展和新成果。

（一）计算机体系结构

计算机体系结构是代表一个国家计算机发展水平的重要因素。中国在计算机体系结构方面由于起步较晚，长期以来一直受制于人。近年来，在国家的持续支持下，中国在计算机体系结构方面取得了长足的进步，从芯片研发、存储技术，到高端计算机和服务器系统等不同方面都取得了骄人的成果，特别是在高性能计算方面取得了 TOP500 四连冠的战绩，中国的体系结构研究和产业开始引起世人的注目。

1. 计算机芯片和众核处理器

近年来，在"核高基"重大专项、"863"高技术计划、国家自然科学基金等项目支持下，中国开始了自主 CPU 的研发，进行技术积累，主要包括中国科学院计算技术研究所的"龙芯"、国家高性能集成电路（上海）设计中心的"申威"、国防科学技术大学的"飞腾"、北京大学的"众志"等自主研发的 CPU。同时，逐步开展了众核处理器相关研究工作，建立了完整的开发环境，推出了"申威"SW-3 等一系列自主众核处理器，并开始用于构建国产超级计算系统。

在传统芯片技术取得进展的基础上，中国学者开始了对新型芯片的研究。比如，机器学习芯片的研制取得突破，中国科学院计算技术研究所研制的"寒武纪1号"采用人工神经网络架构的机器学习运算装置，通过高效的分块处理和访存优化，能高效处理任意规模、任意深度的神经网络，以不到传统处理器 1/10 的面积和功耗达到了 100 倍以上的神经网络处理速度，性能功耗比提升了 1000 倍。在机器学习芯片研究方面挺进国际前沿地位，相关研究论文获计算机系统结构领域最重要的会议之一——ASPLOS 最佳论文奖。

同时，国内多所大学与相关研究所在类脑计算芯片研究方面也做了大量的预研工作，为攻克类脑计算系统难关奠定了基础。国家通过国家重大专项、"973"项目和"863"项目等，已在相关学校和科研院所建立起开展研究所需的基本软硬件基础，为类脑计算系统研究的实施提供了必要的技术支撑条件。

片上网络和多核处理器是未来微电子商用化的一个重要趋势和方向，中国在这方面的研究也取得进展，研究结果相继发表在 *ISCA*、*HPCA*、*IEEE Transactions on Computers* 等顶级会议和期刊上，并研制出一些原型验证芯片。如复旦大学在国际集成电路设计领域最权威的学术会议国际固态电路会议上连续公布了 16 核和 24 核的"复芯"处理器，进一步的发展将是谋求把"复芯"科研成果与产业对接，让多核处理器走进寻常百姓家。

集成电路版图设计技术和工具是芯片和系统设计的支柱，中国现有的 EDA 产品包括华大九天电子的版图编辑器、DRC 和 LVS 工具，这些工具可以满足模拟电路等全定制设计的用户需求。同时，一些高校在 EDA 算法和软件的研究也有成果积累，如清华大学计算机系的布图规划、布局及布线，浙江大学的版图分析验证和复旦大学的建模及仿真算法等都已经应用到商业 EDA 工具中。

2. 海量和大数据存储

根据国际数据公司（IDC）的统计，2011 年全球产生的数据总量为 1.8ZT，到 2020 年这一数据将增至 35ZT。体现为体量大、速率高、多样化、价值高的大数据时代的到来对存储技术带来极大的挑战。高效的数据组织管理和存储、便捷的数据访问和快速计算成为亟待解决的关键问题。目前，中国在数据存储领域内部署的研究工作基本涵盖了其中的所有热点问题，具备进一步探索国际前沿的能力。

在新型存储介质方面，一些学术机构和公司已经具备制备 PCM 存储颗粒的能力。北京大学对新型存储介质的 3D 堆叠技术展开了深入的理论研究。国防科学技术大学、清华大学、华中科技大学等单位在新型存储器件方面积累了丰富的经验，如基于阻变存储器阵列的存储计算融合和运算、大数据快速查询、流式计算和图计算。华为、浪潮等公司正尝试利用 DRAM 和新型存储器件构建分布式、大容量主存系统。清华大学等单位在文件系统等方面展开了多年的研究，取得的成果对构建基于新型存储介质的持久主存系统具有指导意义。

存储虚拟化就是对存储硬件资源进行抽象化表示，以屏蔽系统的复杂性，在按需分配的同时便于增加或集成新的功能，其关键研究问题之一是软件定义存储，其技术研究正处于蓬勃发展阶段，代表了存储领域的一个新的发展方向。目前，中国科学院计算技术研究所、国防科学技术大学、江南计算技术研究所等单位已经对其开展研究，华为、浪潮等 IT企业也已经进入这个领域。

3. 高端计算机和服务器

高端计算机包括高效能计算机、高端容错计算机以及自主可控服务器等，其发展水平体现了一个国家计算机科学和技术的综合实力和信息化建设能力，是国家创新体系的重要组成部分，因此是世界各国特别是发达国家全力争夺的战略制高点。从"十五"开始，中国连续支持高端计算机的研制，集中力量突破关键技术，经历了从无到有、从引进到自主研制、从对千万亿次到亿亿次高效能计算机的研发等不同的发展阶段，相继研制出"天河""神威蓝光""曙光星云""联想升腾"等一系列具有自主关键技术的高端计算机系统，其研制水平进入世界领先行列。

继 2013 年 6 月国际 TOP500 组织公布最新全球超级计算机 500 强排行榜榜单，国防科技大学研制的"天河二号"以每秒 33.86 千万亿次的浮点运算速度成为全球最快的超级计算机之后，2014 年 11 月 20 日在美国新奥尔良召开的世界超级计算机大会上，由国防科技大学研制的"天河二号"超级计算机系统在国际 TOP500 组织首次正式发布的超级计算机高性能共轭梯度（HPCG）基准测试排行榜上，位居世界第一；在该组织之前发布的第 44 届世界超级计算机 500 强排行榜中，"天河二号"以峰值计算速度达每秒 5.49 亿亿次、持续计算速度达每秒 3.39 亿亿次再次位居榜首，获得"四连冠"。世界超算两项桂冠花落"天河"，标志着中国超级计算机继续保持国际领先地位。

2015 年 1 月，国家科学技术奖励大会在北京举行，由浪潮集团自主研发的"高端容错计算机"获国家科技进步一等奖。此前，中国高端容错计算机全部依赖进口，进口产品技术完全不可控，使得中国关键行业面临数据被窃取、业务被摧毁的风险，信息安全存在风险。浪潮集团于 2010 年 8 月研发出中国首台具有自主知识产权的高端容错计算机，并将其正式命名为浪潮天梭 K1 系统，使中国成为世界上继美国、日本之后第三个有能力研制 32 路高端计算机的国家，标志着中国的关键数据从此可以运行在自主平台上。随着浪潮天梭 K1 对进口产品的不断替代，核心平台层面的隐患将被逐步消除。目前，天梭 K1 已获得广泛应用，形成了产业规模。2014 年，天梭 K1 完成了金融、电力、公安、交通等 12 个行业市场的应用突破，建设银行、农业部、胜利油田、北京市财政局、广州白云机场、洛阳银行都在核心业务中用天梭 K1 替代了进口产品。根据全球权威调查公司 IDC 发布的数据，浪潮在高端 Unix 服务器市场的份额已经达到 12%。

服务器是国家政治、经济、信息安全的核心应用，自主可控是关键。2014 年 11 月，曙光公司推出基于国产"龙芯 3B"处理器的全自主可控可信计算服务器，实现基于"龙芯"的整个产业链贯通。"龙芯 3B"处理器采用 28 纳米工艺制造，拥有 11 亿个晶体管，在设计的复杂度上与国际主流相近，这也是中国第一个超过 10 亿个晶体管的产品。

（二）网络基础设施和相关技术

1. 下一代互联网

以互联网为代表的计算机网络在中国经历了从无到有、全面建设、掌握关键技术、攻克核心设备、争取技术创新的蓬勃发展历程，培养了一批遍布全国各地高校和院所的计算机网络研究队伍，建立了以中国教育和科研网（CERNET）和中国科技网（CSTNET）为主体的网络应用和试验研究平台。2013 年年底，CERNET 骨干网络带宽全面升级到 100Gps。

下一代互联网已成为各国推动新的科技产业革命和重塑国家长期竞争力的先导领域。中国对未来互联网新型体系架构关键技术正在全面布局，部署了一系列重大科技工程推进下一代互联网关键技术研究，包括"十一五"期间的"863"计划重大项目"新一代高可信网络"（2009—2010）、"973"项目"一体化可信网络与普适服务体系基础研究"（2007—2012）、"可测可控可管的 IP 网络的基础研究"（2007—2012）、科技支撑计划项目"可信任互联网"（2007—2012）以及"十二五"期间的"973"计划项目"新一代互联网体系结构和协议基础研究"（2009—2014）、"可重构信息通信基础网络体系研究"（2011—2015）、"面向服务的未来互联网体系结构与机制研究"（2012—2016）、可重构信息通信基础网络体系研究（2012—2016）、"智慧协同网络理论基础研究"（2013—2017）等。

中国下一代互联网正处于示范应用和商用推广阶段。中国下一代互联网示范工程（CNGI）项目由国家发展和改革委员会主导，中国工程院、科技部、教育部、中国科学院等八部委联合，于 2003 年酝酿并启动。截至 2015 年，CNGI 核心网已经完成建设任务，该核心网由六个主干网、两个国际交换中心及相应的传输链路组成，六个主干网（即 CERNET2、中国电信、中国网通 / 中科院、中国移动、中国联通和中国铁通）由在北京和上海的国际交换中心实现互联。

目前完成了 100 多个校园网的 IPv6 升级改造，实现了 IPv6 普遍覆盖，IPv6 用户规模超过 200 万，整个 CNGI-CERNET2 主干网 IPv6 的流量持续增长，接入主干网近 60G。研制完成了 IPv6 网络运行管理与服务支撑系统，实现了在 100 个校园网和 CNGI-CERNET2 主干网上的规模应用。完成了 IPv4/IPv6 的过渡技术，也解决了过渡技术的核心问题，升级改造和开发了一批重要的教育科研 IPv6 网络信息资源与应用。据 2012 年年底统计，全球 IPv6 认证的网站是 1918 个，中国占据 523 个，排名居首。开通了 IPv6 下一代互联网国际技术高速互联。高速互联的改善，大大提高了全球范围的下一代互联网试验环境，支持了由清华大学牵头的科技支撑计划"可信任互联网"（2007—2012）以及"下一代互联网安全专项"（2012）等一批国家下一代互联网科研项目。

国内主要的商业网站，包括腾讯、百度、阿里巴巴、新浪等也都制订了分阶段的演进计划。在网络和终端设备方面，IPv6 网络产品具备国际竞争优势，产品类型丰富。数据通信类网络产品基本覆盖原有 IPv4 产品（包括路由器、交换机、宽带接入服务器等），而且与国际基本同步，并在 CNGI 示范网络中得到实际部署验证。国内的设备厂商也已研发出满足国内运营商 IPv6 过渡技术方案的家庭网关设备，具备大规模商用部署的能力。

随着中国互联网技术研发的不断深入，国内大学、研究所和企业的研究小组陆续设计和开发出了一些富有特色的技术。为将这些拥有自主知识产权的关键技术纳入国际标准，研究人员积极参加国际互联网工程组织 IETF 的大会，并积极主导或参与了 IETF 的许多技术工作组。一批由中国科技工程人员参与的技术标准 RFC 草案已经相继问世。

2. 基于互联网的产业

互联网已经被视为万众创新的工具，近年来，基于互联网的应用不断涌现，呈现出互联网产业的蓝图。2014 年，BAT（百度、阿里巴巴、腾讯）的骄人业绩展现出了中国作为网络大国的实力和能量。其中，阿里巴巴成为全球企业间（B2B）电子商务最好的品牌之一，其平台已经成为目前全球最大网上交易市场和商务交流社区之一。腾讯旗下的微信也已成为全球移动互联网举足轻重的即时通讯工具，以其庞大的体量重新定义了移动互联网时代的游戏规则。百度则成为全球最大的中文搜索引擎。

积极投身于互联网产业的代表者，各自通过其独创模式盘踞一方市场。如，小米的产品线正在扩展到除手机之外的机顶盒、电视、路由器、平板电脑、智能手环等，并开始进军移动医疗；以往完全定位在安全软件领域的奇虎 360 公司正在进行转型，一方面向移动领域进军，另一方面推出儿童卫士手表、家庭卫士智能摄像头、安全路由器等一系列智能安全产品；完美世界公司连续七年获得游戏出口第一，同时正在努力将教育、医疗、体育等与游戏融合到一起；等等。

互联网正以更加开放、融合的态势渗透到各个领域，成为撬动板结的新杠杆，为中国经济转型升级和社会进步提供新机遇和新动力。

3. 网络和信息安全

信息安全问题一直受到中国政府的高度重视。2013 年 11 月，党的十八届三中全会上成立了国家安全委员会。习近平主席明确指出："网络和信息安全牵涉到国家安全和社会稳定，是我们面临的新的综合性挑战。"2014 年 2 月，中央网络安全和信息化领导小组宣布成立，再次体现了中国最高层全面深化改革、加强顶层设计的意志，显示出在保障网络安全、维护国家利益、推动信息化发展的决心。网络和信息安全已经成为国家安全的重要内容，国家已经在最高战略层面着手网络和信息安全顶层设计。

为了贯彻和落实国家的信息安全策略，不少大学和研究所近几年都大大加强了对信息安全的研究和投入力度，建立了良好的实验环境和基础设施，为信息安全研究营造了良好的学术氛围。企业界近几年也建立了若干研究院或研究单元，专门从事信息安全研究，为信息安全研究开拓了良好的应用环境。

2014年部署的"973"项目"云计算安全基础理论与方法研究"（2015—2019）由华中科技大学牵头，中科院信工所和武汉大学共同承担。该项目瞄准制约云计算发展的关键因素——云计算安全，围绕"云系统安全构建""云服务安全共享"和"云数据安全可控"三个关键科学问题开展云计算安全的基础理论和方法研究。

（三）计算机软件和理论

有关计算机软件和理论领域的发展现状，下面将从计算机软件理论、计算机系统软件和计算机软件工程三个方面进行阐述。

1. 算法理论与形式化方法

计算机软件理论的进展包括算法及算法复杂度和形式化方法两个方面。中国近年来在算法及算法复杂性方面取得了很大的进步，多位国际著名专家（包括图灵奖得主）先后回国工作或在国内建立实验室，大大加强了国内理论方向与国际的交流，同时培养了一大批优秀的青年学者，在世界范围产生了重要的影响力。比如，北京航空航天大学、北京大学等团队多年来在NP难问题的难解算例构造与实用求解技术方面做了大量的工作。他们在SAT竞赛和相关的MAX-SAT竞赛等活动中取得了佳绩，在顶点覆盖等NP难问题的求解上取得了国际领先成果，所构造的随机算例被广泛应用于算法研究和各种国际算法竞赛。

形式化方法一直是中国软件理论研究方向的强项。特别是国家自然科学基金委于2007年启动了"可信软件基础研究"重大研究计划，该计划的执行大力推动了中国学者建立、完善了可信软件理论体系，发展了形式验证方法、技术，并将其应用于航天、电子商务等重要领域。同时，国家科技部也于2013年部署了"973"计划项目"安全攸关软件系统的构造与质量保障方法研究"（2014—2018），项目由中国科学院软件研究所牵头承担，重点研究软件需求与设计的形式建模与验证。

依托中国科学院软件研究所的计算机科学国家重点实验室，国内汇聚了一批理论计算机科学领域的高水平科研人员，包括多位中国计算机科学事业的开拓者。他们在并发理论、自动机理论、形式语义与程序逻辑、实时与嵌入式软件、概率模型检测、自动推理等方面已经有相当长时间的积累，有很强的研究基础。近年来正着力于开展对中国铁路控制系统CTCS-3的建模和模型层面的验证工作。

华东师范大学软件学院承担了核高基项目子课题"汽车电子系统可靠性分析和验证方

法研究"（2009—2010），对汽车操作系统内核的安全性进行验证，完成了源代码和二进制代码级别上的验证与分析，找出了系统的缺陷。

清华大学软件学院则针对嵌入式软件的分析与验证、软件模型检测等问题开展研究，研制了形式验证工具，并用于轨道交通领域的嵌入式系统。他们还开展了对字节码虚拟机的验证，完成了一个从 Lustre 子集到 C 的代码生成器原型的初步验证。

中国科学技术大学苏州研究院在并发程序的分析与验证、编译器与操作系统内核的形式验证方面取得了若干成果，验证了系统软件中的一些关键模块，包括内存管理、垃圾收集、中断处理、线程切换等，还采用领域专用逻辑理论，完整地验证了一个小的操作系统内核雏形（约 150 行汇编代码）。该内核雏形包括基本的中断处理、线程切换与线程同步功能。

2. 国产操作系统

国产操作系统一直是中国软件行业为之努力的方向，市场上也出现过诸如中标麒麟、中科红旗、中科方德、凝思、拓林思等国产操作系统。2014 年 4 月，美国微软公司停止对 Windows XP 操作系统提供服务支持，这引起了社会和广大用户的广泛关注和对信息安全的担忧。国家工信部对此表示，会继续加大力度，支持国产操作系统的研发和应用，希望用户使用国产操作系统。2014 年 10 月，操作系统国产化替换正式推动，并预期在 2020 年有一个比较显著的阶段性成果。

在计算虚拟化方面，2010 年部署的由国防科技大学牵头承担的"973"项目"高效可信的虚拟计算环境基础研究"（2011—2015），以中国经济社会发展对信息网络科学技术的战略需要为牵引，解决规模化网络资源按需聚合模式的效能问题和公用环境下多样化服务的可信问题；建立多尺度的互联网新计算模式和支撑技术，构建高效可信的虚拟计算环境，为互联网新应用的发展提供基础理论和关键技术支撑。

3. 网构软件与可信软件开发方法

中国早在 20 世纪 80 年代就启动了"青鸟工程"研发具有自主知识产权的大型软件工程环境，为后续研究和开发奠定了坚实的基础。近 10 年来，在国家"863"计划、"973"计划等重大科技项目的支持下，国家先后对软件构件技术、软件服务技术、软件过程与质量保障技术以及互联网软件开发相关支撑技术及相关支撑平台进行了一系列支持，并取得了一大批新成果。

在国家"973"计划连续两期项目"Internet 环境下基于 Agent 的软件中间件理论和方法研究"（2002—2008）、"基于网络的复杂软件可信度和服务质量及其开发方法和运行机理的基础研究"（2009—2013）的支持下，北京大学、南京大学、华东师范大学、中国科学院软件研究所等针对互联网环境下软件的可信特征，提出了网构软件新范型，并对网构软件进行了深入研究，使网构软件技术体系经历了孕育、提升、成熟的发展阶段。网构软件从软件形态的角度考察开放、动态、多变的 Internet 环境对软件理论、方法和技术，形成了一套以体系结构为中心的网构软件技术体系。

网构软件范型的理念已经在国内外软件学术界和产业界产生了较大的影响。面向网构软件的中间件技术理念与框架被 IBM 全球技术展望战略报告采用；网构软件被写入著名开源组织 OW2 的云计算项目"CloudWare Initiative"的研发日程；*IEEE Computer* 发表了网构软件的综述性文章；*IEEE Software* 也组织出版了以网构软件为主题的专刊。课题组与 ACM SigSoft 合作举办的"亚太网构软件技术研讨会"已连续成功举办了 6 届，吸引了来自欧洲、美国及澳大利亚、日本、韩国等多国学者的参与。

"十一五"开始，在国家"863"计划重点项目"高可信软件生产工具及集成环境"的支持下，北京大学、北京航空航天大学、国防科技大学、中国科学院软件研究所等提出了基于群体智慧的可信软件构造方法，将可信软件方法和技术与互联网大规模协作机理相结合，并成功引入工业化可信软件技术体系和生产环境，研制了一个基于该技术体系的"可信的国家软件资源共享与协同生产环境"。

"十一五""十二五"期间，科技部和自然科学基金委还部署了其他一些软件工程领域的课题。包括国家自然科学基金委的重大研究计划"可信软件开发方法和集成平台"，以国家关键应用领域中软件可信性问题为主攻目标，分析、研究和解决相关科学问题，在嵌入式软件和基于网络的大型应用软件中开展示范应用，为改善国家重大工程中的软件可信性提供科学支撑；由武汉大学牵头的国家重点基础研究发展计划（"973"计划）项目"需求工程——对复杂系统的软件工程的基础研究"（2007—2011），对软件在网络计算环境下成为服务的趋势，开展服务于大众的网络化软件需求元描述的关键科学问题研究；由北京大学牵头的"973"项目"基于开源生态的网构软件开发原理和方法"（2015—2019），拟以面向"人—机—物"三元融合的新型软件应用为目标，以网构软件范型为基础，以开源软件生态为支撑，研究并建立一套基于开源生态的网构化软件开发原理与方法，并构建相应的开发和运行实验平台，为中国新型软件产业的发展提供技术基础。

（四）智能感知与人机交互

智能感知和人机交互是计算机系统切入真实应用场景、实现无处不在的计算的重要方面，近年来受到学术界和产业界的广泛关注。下面分几个方面介绍近年来中国在该方向的进展。

1. 虚拟现实技术

虚拟现实技术的发展极大扩展了人类认识世界以及模拟和适应世界的能力。虚拟现实技术从 20 世纪 60—70 年代开始兴起，90 年代开始形成和发展，在仿真训练、工业设计、交互体验等多个应用领域解决了一些重大或普遍性需求。

中国近年来十分关注虚拟现实技术的发展，受到"973"计划项目的连续资助，包括由浙江大学牵头的"虚拟现实的基础理论、算法及其实现"（2003—2007）和"混合现实的理论与算法"（2009—2013）等，形成了深厚的研究基础和良好的研究条件。在获取与建模、生成与表现、感知与操作等方面的研究成果得到了国际学术界广泛关注和认可。

《国家中长期科学和技术发展规划纲要（2006—2020）》高度重视虚拟现实和数字媒体技术方向，把虚拟现实技术作为信息技术领域三大前沿技术之一，把数字媒体内容平台定位为信息领域有限发展主题之一。这个方向目前是自主知识产权产业化率最高的方向之一，整体研究和应用与国际先进水平接轨。

近两年，国家自然科学基金委又专门设立了重大项目，即由北京航空航天大学牵头承担的"可交互人体器官数字模型及虚拟手术研究"（2012—2016），该项目致力于创新医疗人才培养模式，提高优质医疗资源利用率，推动外科手术的精准化、微创化和个性化。本项目将围绕人体器官几何、物理（力学）、生理建模和虚拟手术等方面的基础科学问题，通过多学科交叉研究，构建刻画人体器官形态特性、物理特性、生理特性及其相互关系的高精度三维数字模型，建立具有切割、缝合、灼烧等功能的虚拟手术理论方法、技术体系和原型系统，为手术模拟训练、手术方案论证和手术远程协作奠定基础。

2. 数字音视频产业

数字音视频产业是信息产业的重要组成部分，培育数字音视频产业群是"十一五"时期信息产业的重要任务。数字音视频技术得到了国家自然基金委和科技部等的大力支持。如，由北京大学牵头承担的"973"计划项目"基于视觉特性的编码理论与方法"（2009—2013），从方法论上借鉴人类视觉系统的视觉信息处理基本神经机制和心理机理，构建统一的图像/视频基本结构与表示模型及其相应的视觉计算方法，发展将香农信息论与人类视觉系统信息处理原理相结合的高效视觉信息编码理论与方法。在此基础上，国家"973"计划延续支持由北京大学牵头承担新一期"973"计划项目"基于视觉特性的视频编码理论与方法研究"（2015—2019），将借鉴心理学和认知神经科学的研究成果，构建图像的多层次表达模型，建立新的高效视频编码框架，最终构建一套基于视觉特性的高效视频编码理论和方法体系，使之适应于广泛的业务应用类型。

由中国科学院计算技术研究所牵头承担的基金重大项目"云环境下的图像视频群体协同表达与处理"（2014—2018），围绕图像视频群体数据的结构化与紧致表达、群体感知信息理论和主观一致的失真度量三个重大科学问题，研究云环境下图像视频群体协同表达、编码、传输、质量评价等重要关键技术，进而建立具有自主知识产权的图像视频群体协同编码技术标准，以促进数字媒体、网络视频、视频监控、云存储等信息产业的模式转变和产业升级。

数字音视频产业成功的标志不是发布标准，关键是走向市场，形成产业化。数字音视频产业是标准竞争异常激烈的领域，技术专利化、专利标准化成为其特点。制订中国AVS标准的基本动机是掌握自主知识产权并形成完整产业链，解决中国数字音视频产业核心技术受制于人的困局。AVS标准在中国率先建立了"专利池"管理机制，每台终端产品只收1元，大幅降低了标准的实施成本，同时也撼动了国际标准高额专利收费的格局，明显拉低了国际视频行业的专利授权费用，为新技术的采纳推广创造了更多机会。

2014年，中国有自主知识产权的音视频标准AVS正式落户中央电视台。按国家新闻出版广电总局的规划，2015 年中国电视机保有量将达到 6 亿台，如果采用 AVS 标准，每年将为中国节省至少 12 亿美元的巨额专利费。

目前，AVS 的市场化进程呈现出飞速拓展的趋势。在产业化方面，AVS 产业联盟企业研制了多套 AVS 清晰度编码器和高清晰度编码器以及面向移动设备的编码器，设计开发了多款 AVS 标准清晰度和高清晰度芯片，支持和推动了中国芯片企业开发并批量销售 AVS 芯片，还带动海外数字视频解码芯片领域的企业开发并销售 AVS 芯片；在应用推广方面，AVS 标准已经在国内外 20 多个城市得到规模化应用。

另外，从 2012 年开始，中央电视台对 AVS+ 产品进行了详细深入的测试，2013 年 3 月进行了 3D 卫星试播，2014 年初中央电视台的 6 套节目开始采用 AVS+ 标准进行卫星播出。随着 2014 年 AVS+ 产品线的成熟以及 AVS 标准的逐步推动，中国自主知识产权的 AVS 标准在国内和国际产业化道路将更上一层楼。

3. 计算机图形学和多媒体

计算机图形学是当前国内外非常重要的热点研究领域之一。首先，随着应用需求的快速发展，对图形生成的快速性和高效性都提出了迫切的需求，促进了图形硬件 GPU 的快速发展。其次，作为计算机图形学和艺术结合的产物，计算机动画综合利用计算机科学、艺术、数学、物理学和其他相关学科的知识，用计算机生成连续的虚拟场景，给人提供一个充分展示个人想象力和艺术才能的天地。人机交互与计算机图形、虚拟现实和增强现实技术密不可分，目标是通过提高计算机的用户友好性和易用性来改善用户与计算机的交互，让用户能方便地享用技术成果。

计算机图形学和多媒体技术得到了科技部等的大力支持。2006 年科技部启动了由清华大学牵头承担的"973"项目"可视媒体的智能处理和方法"（2006—2010），围绕可视媒体智能处理存在的若干关键科学问题，在可视媒体的认知特征、计算理论、表示分析与利用、基于内容的可视媒体安全、交互与融合以及可视媒体的高效计算与系统六个方面展开研究。2011 年又延续支持由清华大学牵头承担新一期"973"计划项目"网络海量可视媒体智能处理的理论与方法"（2011—2015），侧重研究可视媒体的认知计算、结构分析与机器学习、网络可视媒体的语义分析与信息整合、网络可视媒体安全、网络可视媒体的交互与合成、网络可视媒体的有效搜索与服务六个方面。在这些项目的支持下，中国学者已有一定研究积累，形成了自己的特色。在人类视觉对媒体的认知特征、媒体信息的几何计算理论、媒体内容分析与理解等方面取得了有国际影响的成果。

计算机图形学在辅助设计领域的应用在近年来得到长足发展，科技部相继设立了由清华大学牵头承担的"973"项目"现代设计大型应用软件的可信性研究"和"863"项目"三维 CAD 关键技术与核心系统研发"。其中，前者面向重大制造装备和复杂产品设计等重要应用领域展开 CAD/CAE 大型应用软件的可信性研究，建立重大制造装备和复杂产品模型的统一数据表示，保证几何设计、结构设计、模型分析和仿真验证等各环节迭代求精和分析在产品设计生命周期中的一致性，提供系统构件之间的可验证机理，建立据和模型的多级安全动态保护理论和策略，给出应用软件的可信度分析方法。在三维打印和模拟仿真等方面取得了具有国际影响力的成果，在特征造型及其误差传播和控制、面向汽车设计制造的 CAD/CAE 一体化迭代设计、曲线和曲面、几何连续性分析和构造等方面的成果也有一定的影响力。

4. 人机交互

人机交互是研究人与计算机之间通过交流与通信相互理解，在最大限度上为人们完成信息管理、服务和处理等功能，使计算机真正成为人们工作学习的和谐助手的一门技术科学。近年来的研究重点是脑机融合，目前得到了国家的大力投入，如由浙江大学牵头承担的"973"重大科研项目"脑机融合感知和认知的计算理论与方法"（2013—2017），侧重研究机器智能与生物自身智能融合的模式，将生物自身的感认知能力与机器的计算能力深度结合，产生超越现有系统的更强智能形态，被称为"混合智能"。相关研究结果有望为神经康复和动物机器人提供研究思路，在残障康复、抢险救灾、国防安保等领域具有潜在的应用前景。

国家自然科学基金重大研究计划"视听觉信息的认知计算"（2008—2015）将从人类的视听觉认知机理出发，研究并构建新的计算模型与计算方法，提高计算机对非结构化视听觉感知信息的理解能力和海量异构信息的处理效率，克服图像、语音和文本（语言）信息处理所面临的瓶颈困难。依托该重大计划，研制成功多种型号的无人驾驶车，并完成综合道路行驶任务。

在这些项目的支持下，中国在移动交互、穿戴交互、手势交互、笔式交互、协同交互、语音交互、多通道界面、虚拟现实、儿童心理等多方面取得成果。

5. 社交媒体分析

随着网络的普及和 Web2.0 时代的到来，各种社交媒体（如 QQ、微博、微信等）蓬勃兴起，引起了政府、学术界和工业界的投入。近几年，国家设立的社交媒体相关的"973"计划项目包括：由中国科学院自动化研究所牵头承担的"面向公共安全的社会感知数据处理"（2012—2016），由浙江大学牵头承担的"面向公共安全的跨媒体计算理论和方法"（2012—2016），由北京邮电大学牵头承担的"社交网络分析与网络信息传播的基础理论研究"（2013—2017）以及由浙江大学牵头承担的"社交网络信息传播分析与挖掘"（2013—2017）。

在社交媒体分析的研究方面，中国研究人员在社交媒体用户与资源建模、社交媒体对象及关系抽取、社交媒体搜索、社交媒体群组探测、社交媒体话题建模、媒体上下文及标签信息以及社交媒体内容分析等方面均展开了深入的研究，并在国际本领域知名国际会议和期刊上发表学术论文。

6. 人工智能和机器学习

机器学习自 20 世纪 50 年代提出来就备受科技界的关注，在过去的几年里，多家公司（如微软、谷歌等）相继宣布深度神经网络在语音识别和图像处理等模式识别任务中的表现出色，因此引发了人工智能和机器学习的新一轮热潮，形成"深度学习"的新的研究领域。深度学习近年来受到工业界的热捧，百度公司在 2013 年成立了深度学习研究院，被相关媒体报道为燃起了一把新的火苗，必将点燃中国移动互联网的生机。

在机器学习方面，南京大学和南京航空航天大学在基于不充分信息的学习理论与方法方面取得突出进展，获得 2013 年度国家自然科学二等奖。主要研究结果体现在：针对机器学习中信息不充分问题开展了研究，对采样、标记、关系、目标类等方面的不充分性，分别通过挖掘数据分布信息、利用未标记数据、利用邻域关系及度量学习、利用非目标类数据来展开研究，建立了多学习器集成的理论和方法、协同训练理论与方法、不平衡样本集的学习理论与方法，用标准测试集测试了这些理论和方法的可行性。这些研究结果在国际上已经产生较大影响。

清华大学和浙江大学等在统计学习、流形学习等方向也发表了一批高水平论文，西安交通大学、南京航空航天大学等在正则化、核方法等方面有出色的成果，北京交通大学在聚类分析等方向上也有出色的成果。模式识别技术方面，中科院自动化所在生物特征识别，尤其是虹膜、人脸、指纹识别等方面接近国际领先水平，南京理工大学在高维小样本数据的鉴别分析方面在国际上有较大影响。模式识别应用方面，国内学者在利用先进的视觉和机器学习方法解决应用问题上跟踪较快、算法实现能力较强、实现的系统性能也较高。

知识表示与推理是中国人工智能界开展研究最早的领域之一，吴文俊先生于 1977 年发表了关于初等平面几何定理机械证明的文章，是自动推理领域一项里程碑性的工作。近年来，国内学者在符号逻辑、空间推理与非规范知识处理方面取得了较好的进展。

计算智能是中国人工智能领域中研究人员数量较多的分枝。清华大学与安徽大学在粒计算方面的工作在国际上有较大影响，总参 61 所在不确定性方面有深入研究，北京大学、复旦大学、四川大学在新型神经网络模型与理论方面有深入研究，南京大学在演化计算理论基础方面有深入研究，中国科学技术大学、中山大学、武汉大学在演化计算方法和多目标优化方面有较多工作，西安电子科技大学在免疫计算方面有较多工作，中科院计算所在多 Agent 系统方面有较多工作。

三、计算机学科国内外研究进展比较

伴随着全球化、网络化的步伐，计算机科学和技术的研究获得了快速发展，已经给整个社会生活的变革带来重大影响。计算机科学与技术成为世界各国发展的重要领域。除了上述在计算机科学和技术的研究方面与科技强国之间的距离不断缩短外，中国在计算机产业的发展上也保持较快的增长速度，根据 *Science and Engineering Indicators* 2012 提供的数据，到 2012 年中国已经几乎占了一半的全球计算机及办公机械的生产总值。

（一）总体发展动态

国内外计算机科学和技术学科的发展近两年来呈现的趋势可以总结为如下几个方面：

第一，处理器多核化和新型处理器的出现。在计算机体系结构方面，首先，多核处理器结构不断成熟，一致的多核内存模型成为高性能计算的必然需求。其次，作为当今移动设备和计算系统中的一个决定性成分，存储技术变成既是解决方案又是应用瓶颈，工业界已经开始重新定义它在未来系统中的应用。最后，新型计算机体系结构，如类脑计算机、量子计算机、生物计算机等，开始进入人们的视野，展现出与传统体系结构完全不同的特性和能力。

第二，硬件资源虚拟化和管理功能可编程。近年来，"软件定义"开始被产业界所热议，"软件定义"成为当今的一个热点话题，包括"软件定义的网络""软件定义的存储""软件定义的数据中心""软件定义的安全"等，人们甚至使用"软件定义的一切（SDX）"来指代各种"软件定义"。实际上，"软件定义"技术途径的核心是硬件资源虚拟化和管理功能可编程，包括，将硬件资源抽象为虚拟资源，交由系统软件对虚拟资源进行管理和调度，管理功能可编程则是允许应用按需定制所需要的资源，实现动态配置和按需服务，从而实现计算、存储和网络的虚拟化及管理的自动化，这是实现"软件定义"趋势的重要基石。总之，使用软件的方法重新定义划分资源，可以实现资源的动态分配、灵活调度、跨域共享、提高资源利用率。

第三，支持新型计算模型的系统软件。新型计算模型，如图计算、内存计算、数据密集型计算等的出现，系统软件面临了诸多挑战，越来越需要针对应用特征的硬件资源管理和控制的支撑方法。近年来业界研究集中在：如何根据图计算特征（如数据关联性、访问局部性和计算迭代性等）对图并行系统进行数据划分，以便提高并行处理的能力。如何在提供低延迟、高吞吐的同时保持系统的高可用性与系统状态的一致性。在计算数据规模不断扩大的情况下，如何管理大规模的集群并为用户开发者提供易用接口。

第四，软件开发的敏捷化和群智化。敏捷开发模式是一种应对快速变化的需求的一种软件开发能力，自20世纪90年代提出后，随着软件应用需求越来越快速的变化，软件的开发也越来越需要更加敏捷和频繁紧凑的交付。另一方面，在处理复杂问题上，基于搜索的软件工程方法可以实现自动化和智能化，被第29届IEEE国际软件工程大会确立为软件工程的未来发展方向之一，到目前为止已经在软件测试数据自动生成、程序错误自动修复等方面取得显著的研究成果，有效地促进了软件工程学科的发展。另外，开源软件的成功经验提示了一种有效的软件开发机制，即"群体协同"机制，群智化软件开发模式正在逐步得到学术和工业界的重视。

第五，软件系统自适应性和智能化。由于和物理世界的互联，计算系统越来越多地感知到物理世界的现象，有意识的软件将变得更聪明，能将简单的传感器数据，推断和转换为物理设备处于的环境的详细信息。这要求软件具备检测环境信息的能力、感知和推断用户社会状态的能力以及调整自身行为以适应环境需求的能力。

第六，虚拟现实走向实际应用。虽然虚拟现实技术虽然虚拟现实技术还实现在提出之初所想象的对未来的承诺，但随着近年来实时三维计算机图形技术，立体显示技术，对观察者头、眼和手的跟踪技术以及触觉／力觉／声音反馈技术等的不断进步，先进虚拟现实技术已经开始为医疗（心理／生物治疗）、先进人机交互、设计仿真模型等应用领域提供了强有力的支持。

（二）众核处理器和新型计算机体系结构

众核处理器是高性能计算系统的核心，工业界和学术界均投入很大力量开展相关研究。近年来超级计算机中使用众核处理器的比例逐年增加。2014 年 6 月发布的全球超级计算机排行榜中，最快的 10 台机器中有 4 台使用了众核处理器。Intel、IBM、nVidia 以及 AMD 等美国公司研制了多个众核处理器，如 Intel 于 2014 年 6 月发布的 MIC 处理器采用 14nm 工艺，可集成 72 个核心，峰值性能达到 3TFlops。nVidia 计划于 2015 年上半年推出的基于 Maxwell 架构的面向高性能计算的 GPGPU，浮点性能将达到 3TFlops。E 级计算是超级计算领域的下一个目标，美国将 E 级计算列为 21 世纪美国最主要的技术挑战，针对 E 级计算，DARPA 提出研究新的计算架构和编程模型的计划，预计于 2018 年完成 E 级系统。在 DARPA 的支持下，各个公司也联合大学开始了相应的研究工作，如 Intel 和 UIUC 的 Runemede、NVidia 和 Stanford 的 Echelon 等，目标是单芯片性能 8 ～ 16TFlops。日本也积极开展 E 级计算机的研究，提出了 PACS-G 加速众核芯片的结构，该结构采用了主从异构的超长 SIMD 结构，集成 4096 个核心，峰值性能达到 16TFlops，预计将在 2020 年之前完成第一台 E 级超级计算机。

异构体系结构的研究也是近几年的研究热点。其中，软件层面主要研究如何在异构系统上进行有效的资源分配、管理和调度；编程模型层面主要研究异构系统高效易用的编程模型，例如 OpenCL 和 OpenACC，国内学者在这方面的研究结果包括 Parray 语言、UPC-H 并行语言和统一架构并行 C 语言、结构网格应用编程框架 JASMIN、有限元应用编程框架 PHG 等；微结构层主要研究如何针对特定应用和算法设计实现高效的硬件加速器、异构单元之间的高效通信机制以及数据一致性和同步问题。另外，片外或片上 GPU 处理器核的微结构也是一个研究热点，主要解决了分支预测、大寄存器堆设计以及高效访存机制等 GPU 共性问题。

一些追求高效能的服务器采用了异构架构，国防科技大学研制的"天河一号"千万亿次计算机首次采用了异构融合的体系结构，并通过操作系统的异构协同功能、编译的交叉编译环境和资源管理系统的异构资源的协同管理和全系统异构体系结构运行支持等，实现了异构融合的高效能体系结构设计。截至 2013 年 6 月，Top500 排行榜中采用异构架构的超级计算机已经超过 50 台。

片上网络是处理器计算核访问存储部件的通路，也是多个计算核协同工作的基础，片上网络的性能直接决定了系统性能。与片外网络不同，片上网络与处理器计算核和存储部件竞争宝贵的芯片面积和功耗资源，因此，片上网络设计必须要具备较低的硬件开销。围绕着提升系统性能并降低硬件开销这一目标，国内外学者对片上网络设计空间各个要素开展了大量研究，片上网络拓扑结构的研究围绕降低传输延迟和提高吞吐率展开，出现了 Flatten Butterfly 和 Multidrop Express Channels 等高阶拓扑结构，充分利用了片上丰富的连线资源；在路由器微结构设计方面，提出了使用猜测方式并行执行虚通道分配和交叉开关分配，以减少路由器流水线级数，保证网络无死锁的前提下尽量支持较高的性能。

除了上述经典计算机微体系结构研究外，类脑计算机和量子计算机是目前两类颠覆性的计算机体系结构。世界主要国家都已启动了对类脑计算系统的大规模资助，比如，IBM团队 2008 年开始进行 SyNASE 项目的相关研究，最终目标是建立一套内含 10 亿个神经元、100 兆突触的"类人脑"电脑，而且其尺寸与功耗也要与人脑相当。2014 年，该团队采用三星公司 28nm 工艺，研制了含 4000 余个核的类脑计算芯片 TrueNorth（模拟 100 万个"神经元"、2.56 亿个"神经突触"）。国内在类脑处理芯片相关领域的研究多集中在神经形态器件的关键单元及所需新材料方面，比如成功研制出全功能的 MB 级相变存储器件和阻变存储器件，并提出了用神经形态存储器件辅助建立类脑计算机架构的初步设想。量子计算机物理实现的研究取得了重大进展。除了传统的大数分解量子算法，量子计算在随机游动算法、支持向量机等机器学习上的应用引发了人们对量子计算更大的兴趣。加拿大 DWave公司的产品是商业化量子计算机的代表。

高可扩展网络结构是下个阶段互联网络设计关键，其设计目标是以尽可能低的成本，可靠而又高效地将一定数量的功能节点连接起来构成一个高性价比的网络系统，需要研究新型互联技术以及与之相适应的路由算法和交换结构。2015 年以前，电互联技术继续快速发展，传输带宽需求达到 100Gbps 以上。基于高阶路由器设计的互联网络将继续是高性能互联网络设计的主流趋势。未来网络接口芯片将向互联存储计算三者紧耦合方向发展，旨在解决未来大数据应用中 IO 墙问题。2020 年左右，光互联、太赫兹与毫米波等新型互联技术将日趋成熟。在国内，"天河一号/二号"基于自主设计的高阶路由器芯片和高性能网络接口芯片实现了高性能、高密度、均衡扩展的互联网络。神威蓝光自主设计的大规模高速互联交换系统突破了一系列关键技术，取得多项创新性成果。

高性能计算机代表了国家计算机科学技术发展水平的一个基准。20 世纪 90 年代以来，中国已经在高性能计算领域取得了重大进展，形成了自己的产业。随着天河、曙光、神威、联想、浪潮、同方等一批知名产品的出现，中国成为继美、日之后第三个具备高端计算机系统研制能力的国家，被誉为世界未来高性能计算市场的"第三股力量"。高性能计算机已经服务于社会，继国家超级计算天津中心、国家超级计算深圳中心、国家超级计算长沙中心和国家超级计算济南中心之后，2013 年又建成国家超级计算广州中心，成为国家经济社会发展的强大引擎。

基准测试是影响高性能计算机发展的重要问题，现在流行的 HPL 测试程序以解线性方程组的稠密矩阵运算为主，可以获得较好的计算效率。在实际应用中，存在大量的稀疏矩阵的计算。比如，求解 PDE 的核心之一就是求解稀疏线性方程组。HPCG、Graph500 等新型测试程序用来评价高性能计算机在稀疏矩阵和数据密集应用的性能，正在得到广泛关注。

（三）支持大规模计算和大数据处理的计算机系统

近几年，通过对数据组织管理和编程模型进行革新，以内存优先为原则的传统大内存计算方式被提了出来，并且显示其提升大数据的处理性能。然而在传统大内存架构系统中，大数据被组织并存储在传统内存中，系统通过对被存储在内存中的大数据集进行实时查询与分析实现对复杂数据的处理，但大数据集仍需从外存加载，中间计算结果有时还需在外存存储，数据在内存和外存间可能存在频繁交换，而最后的计算结果还需存储在外存，由于内存和外存之间的 I/O 性能并不匹配，数据 I/O 瓶颈仍是这种计算方式需要解决的重要问题。

因此，整个 IT 架构的革命性重构势在必行。随着 RRAM、FeRAM 和 PCM 等新型非易失性存储器件的出现和成本的不断走低，客观上为设计以数据为中心的大数据处理模式，即内存计算模式创造了机会。它将新型存储级内存（Storage Class Memory，SCM）器件设计成为新内存体系的一部分，而非作为虚拟内存交换区域的外存补充，计算不仅存在于传统的内存上，也在新型存储级内存上发生。

大规模并行文件系统是计算机系统中负责数据存储组织以及支撑应用程序进行数据输入输出访问的关键系统。并行文件系统的效率是影响高性能计算机系统实际应用性能的关键要素，其可靠性和数据安全性则是影响高性能计算机系统可用性的核心要素。美国能源部支持的 Fast Forward 计划进展较快，其主体设计框架已进入相关的原型验证阶段。日本的 RIKEN（理化技术研究所）以及富士通公司也联合开发了 FEFS（Fujitsu Exascale File System），并计划于 2020 年左右推出支持 E 级计算的存储系统。

当前，随着大数据时代的到来，支持全内存并行处理的运行系统已成为学术界和工业界研究和开发的热点，出现了一批具有代表性的全内存数据并行处理系统，如加州伯克利大学的 Spark、斯坦福大学的 Phoenix、SAP 公司的 Hana 数据库等。

随着数据分析应用场景的拓展和对于数据挖掘精度需求的进一步提高，数据间的关联性成为分析过程中不可忽视的因素。大规模数据及其关联性需要以图数据结构进行描述，并使用机器学习和数据挖掘等算法加以深度分析和挖掘。例如，社交网络使用 Clustering 算法分析用户群落，搜索服务采用 PageRank 算法评估结果相关度，视频网站基于协同推荐算法提供影视推荐等。

然而，由于图并行计算在数据存储和算法行为上的特性，造成现有数据并行计算系统（如 Hadoop）无法提供高效的支持，缺乏对数据间关联性的描述手段以及对迭代计算的低效支持可能造成数十倍乃至数百倍的性能损失。面向大规模图计算系统的研究已成为当前并行与分布式处理领域的重要课题之一，产业界与学术界涌现出大量开拓性研究成果。然而，仍然处于发展期的图并行计算系统研究尚缺乏针对图数据和算法特征、计算任务负载特性以及新型硬件架构支持等方面的深入探讨和尝试。典型的图计算系统包括 Google 公司的 Pregel、CMU 的 GraphLab 等。国内微软亚洲研究院、上海交通大学、清华大学、华中科技大学和北京大学也在图计算系统的优化方面开展了研究工作。

半导体技术的进展使得嵌入式系统可以越做越小，功耗越来越低，以智能手机和可穿戴设备为代表的新一代嵌入系统正使得普适计算成为可能。未来嵌入式系统和普适计算系统需要有三个特征：自我感知与自适应、安全可靠的随意访问、子设备或系统间的可扩展性。这导致研究深度定制化的软硬件一体的嵌入式系统与普适计算系统成为发展趋势。当前的研究热点包括普适计算的计算存储通信模型、如何高效节能地完成对各种新型传感器 I/O 的访问、如何采用各种无线网络技术实现数据的可定制安全可靠传输以及多设备间的高效互联互通等。

解决传统主存和外存技术的性能、密度、能耗和扩展性等问题的一种途径是使用新型存储介质设备。虽然新型存储介质设备尚未大规模量产，但为了探索如何发挥新型存储介质的优势，在跨越计算机存储器层次结构的各个层次都有令人激动的研究成果。有代表性的工作包括：采用新型存储介质和 DRAM 混合结构构建主存系统，完全使用新型存储介质构建主存系统，使用新型存储介质作为磁盘缓存，将新型存储介质用作固态存储系统，基于新型存储介质和固态盘混合结构的存储系统。国际上的存储厂商和科研院所对新型存储介质都做出了突出的研究成果，国防科技大学、清华大学等科研单位对固态盘、相变存储器等新型存储设备也进行了深入的研究。

软件定义存储（Software-defined Storage）是指通过软件功能来进行存储设计和定义存储结构。由于硬件的快速发展，存储系统的软件开销包括延迟、能耗等所占存储系统总开销的比例越来越大，逐步开始成为系统瓶颈。为了解决该问题，人们提出在存储系统设计时，将设计重心从硬件向软件转移，更多地关注所需要的功能、服务而非硬件的抽象与优化。微软 IOFlow 项目提出了软件定义存储架构，将不同阶段 IO 队列的特点提供给上层系统，由集中式的控制系统统一管理，从而实现多点 IO 流的控制。代表性的工作还包括：加州大学圣地亚哥分校分别在固态存储设备和数据中心对存储软件栈的优化、三星公司针对智能手机文件系统进行的优化、百度设计的软件定义闪存（Software-defined flash）以及面向 PCIe 接口 SSD 的 NVM Express 接口的软件栈优化等。

（四）未来互联网

NSF 对未来互联网给予了长期关注和持续资助。在总结 FIND（Future Internet Design）项目的基础上，2010 年接续启动了未来互联网体系结构研究计划（Future Internet Architecture，FIA），旨在激发创新性研究以探索、设计和评价未来高可信的互联网体系结构，鼓励通过变革性思维，汲取当前互联网发展历程中的经验教训，但不受其设计模式的禁锢，顺应未来需求，考虑人类社会与互联网深度交互融合中的社会、经济和法律等问题，创造新的互联网体系结构，定义全新的网络互连概念，惠及信息时代人类生活的基本需要。NSF FIA 计划先后重点资助了 5 个强调不同侧面的研究项目：Named Data Networking（NDN）、MobilityFirst、NEBULA、eXpressive Internet Architecture（XIA）和 ChoiceNet。NDN 质疑虽然传统互联网的客户 / 服务器模型能以简单统一的通信模式支持众多业务或应用，但不是当前或未来互联网中以内容为中心业务的理想模式，提出以可命名的数据而不是数据相关的地址作为网络体系结构的第一要素。传统互联网以地址为第一要素，强调通信模式中对等端的位置信息，而 NDN 则直接将用户或应用关注的内容作为组织网络的基础要素。第一要素的改变导致路由、寻址和转发等系列网络基础功能需要重新定义与设计。传统互联网将移动性作为特殊场景下的例外加以支持，MobilityFirst 项目则认为未来用户的移动性具有普遍性和主导性，是常态而非例外。未来互联网体系结构应该以支持移动性为中心，构建鲁棒可扩展网络体系结构适应无线移动环境中难以避免的链路失效与设备故障，在容迟或机会访问的概念下维护网络连通性和可用性。NEBULA 将云计算基础设施视为互联网的一部分，探索支持资源整合、动态按需分配和性能隔离与保障的云计算环境的数据中心网络体系结构。XIA 强调抽象和定义业务与网络之间的接口来支持应用对于网络的多样性需求，并通过对处于体系结构细腰部接口完整性检测与真实性验证来加强网络通信的安全性。ChoiceNet 的基本思想是未来互联网体系结构需要保持核心网络的可持续革新能力，适应不断发展变化的实际应用需求，并对部署克服当前或未来面临挑战的解决方案具有相容性。

此外，NSF 近期还组织了若干研讨会，探讨未来互联网的发展趋势。2013 年 9 月，在美国光学学会总部召开了可扩展 T 比特网络研讨会，达成如下发展共识：①未来互联网中的可编程、虚拟化和智能光网络；②云数据中心中的跨层光网络；③革新性光网络体系结构与器件；④多用户协作的 T 比特网络光试验网络。2013 年年底就无线网络未来发展方向广泛征求近 120 名大学教授和知名研究机构研究员的意见，形成研究报告，从无线系统、无线应用、无线网络体系结构和测试床、控制与算法、频谱访问技术、测量与管理以及隐私与安全 7 个方面分析和预测了未来无线网络的发展趋势，指出可穿戴计算、交通运输、泛在成像、工业监控、区域网络和网络空间战等领域无线网络有巨大的潜在应用空间。

网络创新的全球环境（Global Environment for Networking Innovations，GENI）是美国政府倡导、NSF 负责资助的一项大型科研计划，宗旨是加强计算机网络和分布式系统的试验研究，快速在美国形成一个探索未来互联网的试验环境，促进网络科学、安全、业务和应用等创新实践，加速研究成果向市场产品的转化，进一步提升美国的高科技与经济领域的国际竞争力。GENI 主要服务于网络研究与教育，倡导通过试验研究解决未来互联网领域的关键性问题，主要包括：理解和预测复杂大规模网络的行为；基于大规模试验，研究和评价新的网络体系结构与创新应用；论证和评估相关安全和隐私的解决方案。历经近十年，GENI 从概念设计到部署实施，期间资助的相关研究项目产生了诸如 OpenFlow/SDN

等有可能影响未来互联网体系结构演进路线的创新技术。目前，在 Internet 2 的支持下，GENI 已经形成了一个初具规模的虚拟网络试验研究环境，并在不断吸纳新的网络概念与技术扩容发展。

欧盟研究与技术发展第 7 框架计划（FP7，2007—2013）累计投入 7.8 亿欧元资助了 207 个网络研究项目，探索未来信息通信技术面临的挑战，主题包括未来网络、云计算、互联网与高等软件工程、联网对象、可信的信息通信技术、网络化媒体与搜索系统、未来互联网对经济社会的影响、未来互联网应用以及未来互联网络研究与试验 8 个方面。2016 年将组织召开一次欧盟科研人员参加的未来互联网大会（Future Internet Assembly，FIA），增进各项目间的交流与合作，旨在保持与增进欧盟在未来互联网领域的国际竞争力。欧盟的 FIA 成立了 11 个工作组，涵盖技术、标准化、国际合作、业务管理、社会经济影响、发展规划等若干方面，全面指导和组织欧盟未来互联网的研究与发展。与技术研发紧密相关的有三个工作组：欧洲互联网体系结构（FIArch）、未来互联网络研究与试验（FIRE）和未来互联网研究路线图（Research Roadmap）。FIArch 的目标是凝练体系结构设计原则，提出未来互联网参考模型，并统一关键技术研发的指导思想。与其相关的资助项目有 NextMedia、IoT-i、CHORUS+、PARADISO、EFFECTS+ 和 EIFFEL 等，分别从新媒体、物联网、多媒体视听业务、社会与伦理等多个角度探索对互联网体系结构的影响和需求，力图从中归纳出构成未来互联网体系结构的基本要素。FIRE 有两个基本目标：促进试验驱动的未来互联网体系结构、新概念与新范式的长期研究；逐渐整合既有的和新的试验床，建设大规模网络试验环境，从而支持互联网及其相关业务的中长期研究。在 FP7 阶段，FIRE 主要围绕软件定义网络、内容中心网络、物联网（IoT）、Web of Things、机会网络、社会网络、云计算、无线技术和在线学习等主题展开。研究路线图工作组主要负责为第 8 框架计划（FP8）调研和制定战略规划。在 2012 年 6 月发布的研究报告中，展望了 2020 年的互联网对人类社会和经济等领域产生的具体影响和面临的现实挑战，提出了多态网络（Polymorphic Networks）、边缘系统（Edge Systems）、混合现实（Mixed Reality）、纳米通信和增强生活（Augmented Living）等未来重点资助的研究方向。此外，第 7 框架计划还特别重视互联网创新应用的研究，启动了一个称为"未来互联网公私合作伙伴关系"研究计划（FI-PPP）。该计划在 2011—2016 年，分三个阶段资助 17 个项目，激励欧洲基于互联网创新应用的发展，其中涉及交通运输、智慧城市、医疗健康、能源环境、物流与制造，食品与农业等多个领域，期望加速互联网技术在欧洲的研发与应用，通过智能信息基础设施推进欧洲市场，提高企业竞争力与效率。

2014 年，下一个周期 7 年的研究与创新框架计划 Horizon 2020（FP8）启动。在欧盟委员会批准的前两个年度未来互联网研究计划中，智能网络与新互联网体系结构、智能光与无线通信技术、先进云计算设施与服务和先进 5G 网络基础设施等是重点资助方向。FIRE+ 作为对 FIRE 的继承，得到滚动资助。

在中国，在 CNGI 取得阶段性重要成果的基础上，国家发展与改革委员会于 2008 年组织实施了"2008 年下一代互联网业务试商用及产业化专项"。2012 年，该专项的最大项目——"教育科研基础设施 IPv6 升级和应用示范"通过项目验收，在国内率先建成了100 个完成升级改造并实现 IPv6 普遍覆盖的校园网，IPv6 用户规模超过 200 万。同时升级了 CNGI 示范网络核心网 CNGI-CERNET2/6IX 的接入能力和互联能力，实现了中美下一代互联网 10G 高速互联，构成了全球范围的下一代互联网科技创新试验平台。这标志着中国下一代互联网应用已成功走完了第一步，为中国互联网发展奠定了基础。该项目已进入全面商用部署阶段。

（五）网络和信息安全

信息安全的研究问题主要来源于两个方面，一个是信息安全自身理论与技术体系的发展，另一个是信息技术的发展与应用带来的安全问题。目前，基础设施（包括网络和重要信息系统）安全问题是各国政府和信息安全界重点关注的问题，围绕这个问题，学术界近几年的研究热点主要集中在网络安全、系统安全、硬件安全、密码学、内容安全和工业控制系统安全等方面。

随着云计算、物联网等技术的发展和应用，信息网络的工作模式发生了重大变化，网络协作和控制成为网络服务主流，专业化和规模化的信息服务成为网络的革命性力量，网络安全也从系统保护向信息产业链安全转变。信息获取、信息使用、信息委托加工等的安全将逐步成为未来信息安全领域的重要组成部分。大规模网络的身份管理、数字资产保护、大数据分析等技术将成为未来网络安全领域的研究重点。网络安全的研究也将从静态保护向动态移动的方向转变。美国以"改变信息安全攻防游戏规则"为目标，制订并布局了移动目标可裁减的可信赖空间等一系列改变信息安全博弈规则的研究计划。

近几年，在关注网络安全基础设施、网络病毒防范、网络攻击与防范、可信网络、网络安全认证、网络安全标准等研究的同时，人们还十分重视移动和无线网络安全以及下一代网络安全的研究，高度重视匿名认证、隐私保护等理论与技术的研究。DARPA 的一系列项目，预期实现简单、高效的网络信息系统体系结构方案和模型，评估、减弱乃至消除美国网络信息系统所面临的安全威胁；NSF 的未来互联网网络架构、网络安全和可信系统研究、基于网络防御竞争的网络物理系统架构等项目，也都是力求从体系结构这一整体上来设计、部署和实现更加安全、可控的网络信息系统。

在传统的系统软件安全领域，新型安全机制和软件脆弱性分析一直是两大研究重点。一方面，Windows 桌面操作系统、Linux 服务器操作系统以及 Android、IOS 等移动智能终端操作系统，都将不断提升系统的安全性作为各自产品研发的重中之重。另一方面，如何及时地发现软件中可能存在的漏洞，并有效地应对漏洞以及由此而引发的远程攻击、内部入侵、恶意代码、僵尸网络等严重威胁，仍然是系统安全研究最重要的立足点和网络安全研究最根本的出发点。

系统安全关注的研究对象已经不仅仅局限于传统意义上的计算机系统。美国的工业控制系统应急与响应中心等都将系统的脆弱性分析、恶意代码的检测与抑制等作为重要的研究内容。亚马逊、谷歌、微软、IBM 等国际大型 IT 公司与著名大学合作，加强云计算环境安全研究，并在可信访问控制、密文检索与处理、数据隐私保护、虚拟安全技术、云资源访问控制、可信云计算等方面做出了重要贡献。美国国防预研计划局推出了面向任务的弹性云项目，旨在帮助国防部保护重点任务的云计算体系不受外部威胁，在面对任何网络攻击时保障任务的持续有效；美国国家科学基金会在安全可信网络空间项目中，提出了引入来宾操作系统（Guest Operation System）与虚拟机之间的协作机制、虚拟机新兴数字取证技术等方案，以加强各种网络安全方案的部署和效能发挥。作为应对系统漏洞和信息产品供应链安全问题的重要举措，自主可控越来越受到各国的高度重视，开源软件的安全利用由此成为一种趋势。

硬件和物理层安全的主要目标是：在确保硬件使用安全可靠的前提下，利用硬件指纹解决通信双方的设备身份认证问题以及利用信道特性解决数据传输的保密性问题。硬件指纹用来作为通信设备的身份后，就可以防止身份的假冒。近几年，国内外学者看到了这种物理安全技术独到的高强度安全性能，纷纷开始理论研究和实验研究工作。硬件木马近几年已迅速获得了全球范围内学术界、工业界、政府、军方、金融、半导体行业等敏感性部门越来越多的关注。目前关于硬件木马检测技术的研究主要集中在美国。研究的内容主要体现在硬件木马检测的方法和针对硬件木马的安全设计策略等方面。关于硬件木马检测，逻辑测试法和旁道参数分析法是现阶段主要使用的两种检测方法。由于硬件木马隐蔽性高，现有检测方法的检测效率和可靠性都还不足以满足实际应用。

设备指纹的研究主要集中在利用设备指纹信息的提取对设备进行身份识别和认证，也有部分研究机构利用无线设备的指纹进行室内定位。由于设备的指纹拥有唯一性，利用设备指纹的信息可以很好地进行身份认证，从而解决通信里的安全问题。现阶段世界范围内对设备指纹的研究主要集中在对接收信号的分析，通过倒谱分析、小波变换或者滤波器等对设备指纹信息进行提取和认证。而通过其他维度的设备信息进行设备指纹的提取和认证还有待研究。

基于信道特征的安全通信在国际上的研究还处在起步的阶段。研究主要集中在利用接收信号强度进行密钥提取。由于接收信号强度受到各种噪声和环境因素的影响，单独利用接收信号强度进行密钥提取有着一定的局限性。因此，有些研究机构开始利用接收信号的相位信息、多径相对时延、信道脉冲响应等特征进行密钥提取的研究。

密码技术是实现信息安全的基本手段，主要包括公钥密码、分组密码、序列密码、数字签名、Hash 函数、身份识别、密钥管理、PKI 技术等经典的密码技术与量子密码、后量子密码、DNA 密码等非经典的新兴密码技术。对于前者，目前国内外一些主要研究热点包括基于椭圆曲线的公钥密码体制（ECC）、自同步流密码、数字签名算法、Hash 函数、基于身份的密码体制，并已制订了许多密码算法标准，如 IEEEP1363、X.509 标准、AES、新的 Hash 标准 SHA-3 等，且正在制订新标准或对已有标准进行更新。这些方向的研究成果已得到一定程度的应用。对于任何一种密码技术的研究都有两个方面：正向设计和逆向分析。所以，这些密码体制的可证明安全的理论体系以及所基于的数学困难问题的研究也成了当前密码研究领域的一个热点，如有限域上离散对数问题的计算在最近两年取得了很大的进展。

基于生物特征的技术与基于数学的密码技术相结合也成了密码研究领域的一个发展趋势。量子计算机的发展对已经广泛应用 ECC 和 RSA 等公钥密码体制产生了严重的威胁。为抗击量子计算机的挑战，近几年国际上掀起了后量子密码体制的研究热潮。基于一些NP 完全问题的后量子密码研究是当前的一个研究热点，特别是基于格的密码体制、多变量多项式的密码体制、纠错码的密码体制等。基于格的密码体制的研究尤其热门，因为基于格的困难问题不仅抗量子计算机攻击，还可以利用格设计一些其他数学问题所不能或很难设计的密码方案，如基于身份的密码体制、多线性映射、全同态加密体制等。

诸如云计算、物联网等新兴计算模式的出现，引发了新的安全问题，如隐私性和外包安全等，为有效解决这些问题，一些新兴的密码技术也被提出并开始深入研究，如全同态加密、功能加密、可搜索加密等。比如，传统的密码体制不能直接应用于 RFID 技术以及智能卡等此类资源极度受限的设备，轻量级密码体制是保障其安全和隐私的重要手段。国内外密码学者在设计与分析轻量级密码算法方面也展开了许多深入研究。

内容安全是指通过网络应用和服务所传递的信息内容，不涉及危害国家安全、泄露国家秘密或商业秘密、从事违法犯罪活动、侵犯国家公共利益或公民合法权益。近年来，大数据迅速发展使信息的内容安全成为科技界和学术界甚至世界各国政府关注的热点。网络大数据的内容安全研究是国家安全和经济发展的战略型需求。信息安全由最初的保障信息的保密性、完整性、可用性和可控性四个方面逐渐转向更综合的应用层面。主要包括两个方面：一是如何确保内容信息的安全；二是基于内容的安全应用。具体分为媒体内容安全、基于文本内容的聚类和倾向性分析、跨媒体数据关联分析、信息传播态势分析及群体演化研究。

媒体内容安全主要研究鉴别媒体内容真实性和完整性的多媒体取证技术、针对内容隐私保护的加密域多媒体信号处理技术、多媒体加密技术、用于内容版权保护的数字水印技术、多媒体信息隐藏技术等。围绕这些研究内容，国内外学者和研究机构开展了大量的工作。虽然在前面某些特定的领域中已出现了若干较成熟的媒体内容安全技术的应用，但是媒体内容安全研究总体上仍处于快速发展阶段，许多方法与理论体系还有待完善。

网络安全的一个新的研究问题是舆情分析，包括文本分析、基于文本的情感分析、群体行为分析、Web 信息态势分析以及信息扩散模型等。文本聚类是内容分析的基础，是基于文本内容把文本划分到相应的类别中。目前的代表性工作包括：文本挖掘与信息检索紧密结合、基于本体和知识库的文本分类聚类算法、以自然语言处理为基础的文本分类和聚类技术。该领域面临的主要问题是维数诅咒、处理效率问题以及相似性度量的不准确等问题。倾向性分析是指挖掘文本内容蕴含的各种情感、态度等重要信息。其核心问题是语气分类，即判定一篇评论是正面还是负面。目前，主要有两种手段来识别文本内容的语气，包括语气词标注方法和基于机器学习的方法。该研究领域面临的主要问题是大部分的方法和技术都和领域相关，缺乏一般性的技术。挖掘互联网上数以百亿计的内容及其之间的相互联系是群体行为分析的研究热点。话题发现与追踪则以大规模的新闻语料为研究对象，通过分析新闻报道所描述的话题来发现新用户感兴趣的信息并跟踪下去，最后将涉及某个话题的报道组织起来以某种方式呈现给用户。Web 信息宏观态势分析关注海量 Web 信息中关键信息点的量化分析与评价、Web 信息在时间维度与空间维度上的发展态势分析与预测等。主要研究内容包括文本内容的涌现态势发现和时序挖掘。信息扩散模型包括如传染病模型、随机游走模型等，作为最基本的动力学过程之一，随机游走与网络上的许多其他动力学过程（如反应－扩散过程、社团挖掘、路由选择、目标搜索）紧密相关。然而直到目前为止，对这些网络的精确研究结果仍然不多。

工业控制系统是包括监控和数据采集系统、分布控制系统等多种类型控制系统的总称。现代工控系统逐渐使用通用操作系统平台和 TCP/IP 标准协议，与其他业务及决策信息系统形成多层次的工业信息控制网络。但是，目前工控系统的 PLC、DCS、SCADA 乃至应用软件均被发现存在大量信息安全漏洞，面临日益升级的安全威胁。以西门子和施耐德电气为代表的工控系统厂商在 2012 年相继推出了以"纵深防御"为核心的工控系统信息安全解决方案。美国政府也已发布一系列关于关键基础设施保护和工控系统信息安全方面的国家法规战略，例如 2006 年发布的"能源行业防护控制系统路线图"，2009 年出台的国家基础设施保护计划（NIPP）和 2011 年发布的"实现能源供应系统信息安全路线图"等，他们在工控系统信息安全工作还包括两个国家级专项计划：美国能源部（DOE）的国家 SCADA 测试床计划（NSTB）和美国国土安全部（DHS）的控制系统安全计划（CSSP）。相比而言，国内专业化的工控系统信息安全产品目前还不多见，主要集中在用于隔离工控系统和 IT 系统的隔离网关。

（六）计算机科学理论发展

近年来，理论计算机科学继续受到学术界的重视。例如，美国计算机学会（ACM）成立了 SIGLOG，即逻辑与计算专委会，涵盖计算逻辑、自动机理论、形式语义、形式验证等方向。2014 年欧洲举办了维也纳逻辑之夏，是历史上最大的关于逻辑的学术聚会，参会者超过 2000 人，分为 12 个大会 81 个研讨会，总计 1781 个学术报告，同时启动了四年一次的奥林匹克逻辑竞赛，口号为"更快、更大、更强"。

2010 年年底，奥地利科学基金会资助成立了全国性研究网络 RiSE（Rigorous System Engineering），研究方向包括并发理论与应用、博弈与合成、逻辑判定过程等。2013 年，英国政府投入 450 万英镑组织英国六所知名大学（帝国理工大学、爱丁堡大学等）的相关研究人员成立了程序自动分析与验证研究所，并启动了为期 3 年的六个研究项目，致力于研究软件正确性与安全性的形式化分析与验证。近年来，微软 Redmond 研究院整合了其在软件工程、程序语言和形式化方法等方向的研究力量，成立了 RiSE（Research in Software Engineering）研究组，并在自动推理、程序语言、软件的分析与验证方面取得了不少成果。2014 年，微软研究院与西班牙 IMDEA 软件研究所成立了联合研究中心，准备在密码与隐私、并发理论与内存模型、程序语言与验证方面展开深入的合作。

计算机科学理论方面的研究工作进展体现在两个方面：

1. 形式化方法

过去几年间，形式化方法领域的研究取得了令人瞩目的进展。

2011 年，Aaron R. Bradley 提出了 IC3 模型检测算法，大大提高了硬件模型检测的效率。IC3 方法与以前的符号化模型检测方法的不同之处在于，它是基于归纳的思想来对状态迁移系统进行整体探索，避免了迁移关系的局部展开，从而大大提高了效率。该方法目前已经扩展到对软件的验证和对实时系统的验证。IC3 及其后续扩展现在统称为 PDR（Property Directed Reachability）方法。IC3/PDR 方法已经成为形式验证领域目前最流行的方法。

对程序进行形式验证的一个基础是形式语义。它研究如何用数学工具给编程语言的语义一个精确的描述，以便于准确地理解程序的行为。虽然对于常见的编程语言已经提出了一些形式语义，但是如何定义语义以更好地支持对程序行为的分析与推理，仍然是一个挑战。2012 年的程序语言理论顶级会议 POPL 上，仍然有研究人员针对 C 语言提出新的可执行的形式语义。近几年，学者们还提出了关于 Javascript、PHP 等新型语言的形式语义，在本领域知名国际会议 POPL 2014 和 ECOOP 2014 上发表。

基础计算平台的建模和验证近年成为一个新的研究热点。其代表性工作包括：CompCert（编译器验证）、LLVM 编译器验证、seL4（操作系统内核验证）、CertiKOS 虚拟机（hypervisor 验证），等等。美国 DARPA 的 CRASH 研究计划（Clean-slate Design of Resilient，Adaptive Survivable Hosts）和 HACMS（High-Assurance Cyber Military Systems）研究计划均对虚拟机、操作系统内核、编译器以及软件工具链的验证投入了大量经费。在两个研究计划的支持下，耶鲁大学开展了 CertiKOS 研究，MIT 开展了 Bedrock 程序设计语言和定理证明环境技术研究，普林斯顿大学开展了软件工具链验证的研究。

除了在代码（实现）层进行验证外，模型（设计）层也可以使用形式化方法。因此，需要合适的形式模型来抽象地描述计算机系统。常见的形式模型包括：自动机模型、进程演算、重写系统等。最近几年，为了将系统行为的分析由定性分析扩展到定量分析，研究者对形式模型进行了各种定量扩展，包括带概率的扩展、带权重的扩展、带时间的扩展或混成扩展、带数据约束的扩展等。

为了降低形式验证的门槛，提高其效率，需要高效率的自动推理工具来帮助人们进行逻辑推理。自动推理研究如何将逻辑系统（比如一阶逻辑）的证明过程尽可能的自动化，它对于推广形式化方法至关重要，因此日益受到重视。这方面的一个突出例子是，由法国研究人员为主开发的 Coq 定理证明工具获得了 2013 年度的 ACM 软件系统奖。

2. 算法复杂度

2008 年，美国国家自然科学基金会资助了 3000 万美元，由普林斯顿大学高等研究院、纽约大学、Rutgers 大学共同承担项目"Understand，Cope with，and Benefit From Intractability"的研究。随之，计算难解性研究中心在普林斯顿大学成立。该项目致力于搞清楚理论计算机科学最核心的问题——"到底什么样的计算问题是可解的，什么样的计算问题是难解的以及为什么是难解的"。2013 年该中心获得了基金会的延续资助。

2012 年 Simons 基金会资助 6000 万美元在伯克利成立了 Simons 计算理论研究所。其目标是"汇聚世界顶尖的理论计算机科学和相关领域的研究人员、优秀青年学者，探讨关于计算的本质和局限性的深层次未解难题。"该研究所每学期支持两个专题的活动，每一专题包括三周的研讨会，数十位长期的访问学者参与。目前已经举办的专题活动有"量子哈密尔顿复杂性""进化生物学与计算理论""算法谱图论""代数几何中的算法复杂性""计算机科学中的实分析""大数据分析的理论基础"，等等。

2010 年由中国国家自然科学基金委和丹麦国家科学研究基金会共同资助的交互计算理论中心成立。该中心中方负责人是图灵奖得主姚期智教授，丹方负责人是理论方向著名学者 Miltersen 教授，研究方向包括计算复杂性、密码学、量子计算、计算经济学等。

过去几年里，计算复杂性的研究在多个方面取得了突破性的进展。在电路复杂性研究方面，2013 年 Ryan William 证明了非确定性指数时间（NEXP）不能够被多项式规模，仅使用与、或、非门以及模一个常数的门电路来计算，即 NEXPACC0。这是自 1994 年 Razborov 和 Rudich 提出 natural proof 的概念之后近 20 年关于电路复杂性的研究方面最大的突破。同年，Neeraj Kayal 等首次证明了深度为四的算术电路复杂性下界。在通信复杂性的研究方面，2012 年 Ben-Sasson 等基于 Freiman–Ruzsa 猜想改进了 log-rank 猜想的指数上界。2013 年 Lovett 证明了 log-rank 猜想的亚指数量级的上界（O（ ）），而且新的证明不依赖于任何猜想。2014 年 Zeev Dvir 等人给出了 2 人 private information retrieval 问题子多项式量级（sub–polynomial）的通信复杂度上界。同年 Ambainis 等改进了 sensitivity 猜想的指数上界。

在算法研究方面，矩阵乘法等一些传统问题的算法复杂度有新的突破。自从 1969 年 Strassen 首次提出了低于 $n3$ 的算法（O（n2.81））之后，矩阵乘法的算法复杂度上界不断地被改进，直到 1991 年 Coppersmith 和 Winograd 提出的矩阵相乘算法，其复杂度为 O（n2.376）。其后 20 多年这一纪录一直未能再进一步改进。在中国"十二五"《计算机科学技术发展战略》报告中"矩阵相乘问题的算法复杂度"也被列为重要研究方向之一。最近这一问题的上界不断被刷新：2013 年 Stothers 首先将上界改进到 O（n2.374），同年 Williams 进一步改进到 O（n2.373），2014 年 Le Gall 再次将记录改进到 O（n2.3729）。

在近似算法方面，借助 PCP 定理可以证明，如果 P ≠ NP，那么很多优化问题将不只是不能有效解决，而且不可以有效地被近似。2002 年 Subhash Khot 提出了 Unique Game 猜想（UGC）。借助 UGC 而非 PCP，很多新的问题的不可近似性被证明。Knot 因此获得了 2014 年国际数学家大会颁发的 Nevanlinna 奖。Unique Game 猜想断言：对于一类包括 unique game 在内的博弈问题，即使是近似其值都是 NP 难的。如果相信 Exponential Time Hypothesis（ETH）猜想，即 NP 难问题有指数的复杂性下界，那么 UGC 猜想将导致 unique game 问题有指数复杂性下界。2010 年，Arora、Barak 和 Steurer 给出了 unique game 问题的一个亚指数时间（subexponential time）算法。

在算法方面的其他进展还包括：2010 年 Moser 和 Tardos 给出了 Lovasz 局部引理的新的构造性证明（算法）；2011 年 Christiano 等给出了无向图的拉普拉斯变换的高效近似算法，并将其应用于网络流算法中；2012 年 Kelner、Miller 和 Peng 等的一系列工作给出了无向图网络流的几乎线性时间算法；2011 年 Friedmann、Hansen 和 Zwick 等的一系列工作证明了线性规划单纯型法，采用随机的 pivoting 规则仍然有亚指数量级的下界。

在量子计算研究方面，2011 年 Reichardt 证明了量子对手下界可以转化为一个量子 span program；2012 年 Aleksandrs Belovs 提出了量子 learning graph 算法模型，并研究了找三角形问题的量子复杂性；Belovs 还进一步研究了 k-distinctness 问题和 k-sum 问题，大幅改进了这两类问题的量子复杂性上界；2013 年基于量子 learning graph 方法，Lee 等给出了找三角形问题 O（n9/7）的量子算法；2012 年 Le Gall 的一系列工作给出了矩阵乘法新的量子算法；2009 年 Seth Lloyd 等提出了一种解线性方程组的快速量子算法；2013 年潘建伟研究团队从实验上实现了这一算法；2013 年 Seth Lloyd 等又提出了关于机器学习、支持向量机分类的新型量子算法。

（七）支持"人—机—物"融合的计算机软件

回顾软件技术的发展历史可以发现，与软件技术发展密切相关的三个要素是计算机平台、人的思维模式和问题的基本特征，驱动软件技术不断向前发展的核心动因之一则是对现实世界问题的复杂性的控制。高级语言是为了控制计算机硬件平台的复杂性，结构程序设计是为了控制程序开发过程和执行过程的复杂性，面向对象方法则是为了控制系统需求易变所导致的复杂性。软件技术发展的目标是希望实现应用空间、问题空间、设计空间和程序空间之间的直接映射。

支撑"人—机—物"三元世界融合的泛在信息基础设施，将引发软件理论技术的转变、软件应用方式的转变以及软件市场和运营模式的转变，从而产生新型的软件理论和技术——"人—机—物"融合计算环境下的泛在软件服务理论和技术。近五年来国内外在软件理论、系统和技术等方向的研究现状体现在如下几个方面。

在计算机软件系统的范畴中，近年来的热点问题是"软件加强型系统"和"信息物理融合系统"，二者都着重考虑计算机软件和软件将作用的物理环境的有机融合，使计算机软件和其交互环境中的其他系统之间实现相互感知、有效协同，并根据任务需求对计算逻辑进行自适应调整与部署，实现物理世界和信息世界的整合和统一。

1. 系统软件之操作系统：网络化和虚拟化技术

随着互联网的普及和延伸，操作系统的研究呈现网络化的趋势。尽管互联网操作系统的概念很早就被提出，但是对其基本形态、结构特征、运行机理、功能范围一直都没有准确的定义。2010 年，Web 2.0 概念的提出者之一——Tim O'Reilly 在论述互联网操作系统现状时认为"包括 Amazon Web Services、Google App Engine 和 Microsoft Azure 在内，所有为开发者提供存储和计算访问的云计算平台是正在涌现的 Internet 操作系统的核心"。考察近几年操作系统顶级会议可以发现，越来越多的研究工作针对互联网新型应用模式，如软件即服务、云计算等，网络资源集中式管理、虚拟化技术、客户端操作系统服务框架等正在成为操作系统的关键技术。互联网操作系统应该包括搜索、多媒体访问、通信机制、身份识别和社交关系图、支付机制、广告、位置、时间、图形和语音识别、浏览器等多项功能，已经成为该领域的共识。这反映了互联网应用所拥有的更多新的共性功能正在逐渐凝练为新的共性基础设施，它们将逐步沉淀为网络化操作系统中的重要组成部分。

操作系统方面近年来的另一个热点是机器人操作系统，其前身是斯坦福人工智能实验室为支持斯坦福智能机器人 STAIR 而建立的 switchyard 项目，它是一个机器人软件平台，能为异质计算机集群提供类似操作系统的功能。它之所以成为研究热点，与机器人产业和应用的发展密切相关，比如，日本有人预计 2015 年日本每个家庭将拥有一台以上家用机器人，到 2020 年机器人产业规模可与汽车等量齐观，也有人把机器人产业列为最具发展前景的三大新兴产业之一。

2. 系统软件之数据库：异构数据集成和质量控制

"人—机—物"三元融合的应用使数据库研究面临大数据的挑战，主要体现在如下四个方面：一是大数据的管理，包括能支持开放性的数据库系统、支持量质融合的数据库理论与技术以及数据理解与语义管理等；二是多源数据集成与数据质量控制，目前业界提出了一系列数据抽取算法以应对大数据的异构性，应用经过扩展的传统数据集成技术从多个异构数据源集成数据，并开始将过去的一些数据清晰和数据质量控制方面的研究应用于网络数据质量控制；三是数据特征提取与内容建模技术，目前这个方面的研究主要针对大数据的某一个属性或特征展开，全面考虑大数据关键特征的研究工作还很少；四是大数据服务化关键技术，此方面的工作尚处于起步阶段，服务化的大数据处理工具或功能还较为简单，配置的灵活性还不足。

3. 程序设计语言：专用化和并行化

近年来，程序设计语言越来越向领域专用语言发展，目的是抽象出领域特定的控制逻辑和功能，并为之定义特定的语言成分。比如，软件定义网络其基本思想是将网络路由中较为机械的数据转发功能和较为智能的控制功能分离开，前者由硬件实现，而后者变为由软件实现，在普通服务器上运行。两者之间通过标准接口交互（如 Openflow 等）。又比如，大数据和机器学习领域面临的一个重要问题是如何高效地处理海量数据、如何有效描述机器学习算法、如何确保数据处理中的隐私保护问题等。对于这些问题，领域专用语言能提供很好的支持。比如，基于 Map-Reduce 模式的 Hadoop 框架和 SPARK 框架等提供了在集群上并行处理海量数据的能力；用于机器学习的 OptiML 语言提供隐式并行性编程技术，并能够生成 CUDA 代码运行于 GPU 上；面向机器学习的大数据处理语言 ScalOps 在语言中显示引入了循环和递归访问数据库的机制。其他重要应用领域还包括机器人控制领域。

4. 程序分析和软件分析

程序分析的研究随着"人—机—物"三元融合应用需求的不断深化，越来越深入到针对特定问题的深层次程序分析方法的研究上。体现在如下几个方面。

一是计算精度分析。传统研究主要集中在基本浮点数运算精度上，对于复杂程序的浮点数运算精度的研究很薄弱。未来的计算模式将呈现人机物高度融合的趋势。越来越多的信息通过传感器采集，并通过软件进行收集分析和推理；越来越多的事件依赖软件来帮助决策，如果出现大的误差，将会导致做出错误的决策，造成严重的影响。

二是程序合成。传统方法主要关注通用程序的合成，但因为通用程序行为复杂，进展一直比较缓慢。近年来，人们把关注点转移到面向领域的程序合成上，这些特定领域的程序形式比较固定，程序合成可以产生较好的结果。另一方面，随着程序代码的大量积累，程序合成可以基于已有的程序代码进行，从而得到进一步的推进。

三是软件分析。由于速度一直是制约软件分析的关键因素，人们关注通过复用分析中的计算来提高分析的速度。以前，软件分析复用的研究进展一直比较缓慢，2000 年以后理论界出现了一系列新理论和方法来对通用的计算复用进行分析和应用。利用这些新的理论，有望对更大类别的软件分析结果给出通用的计算复用方法，形成该领域理论和算法上的突破。

四是软件测试与验证。随着软件系统的日益复杂，很多软件系统的预期行为是不确定的。最近的研究开始关注软件需求分析、设计等阶段的不确定性以及软件测试与验证阶段的不确定性。不确定性会增加测试预言获取的难度，进而为软件测试带来新的挑战。

五是软件制品综合分析。传统的软件分析仅针对程序代码，但实际的软件开发包含除程序代码以外的多种软件制品，分析这些软件制品对许多软件工程活动都有帮助，近年来的许多前沿研究工作均与此有关，但与传统的软件分析相比，还缺乏严谨的体系，特别是缺少综合分析多种软件制品的能力。

另外，针对新型应用（如移动应用等）的软件分析也成为热点研究，主要侧重移动应用的可靠性和安全性等方面。

5. 软件工程之优化法

基于搜索与优化的软件工程方法（国外称为基于搜索的软件工程，Search-based Software Engineering，SBSE）是将传统的软件工程问题转化为基于搜索的优化问题，并使用现代启发式搜索算法（Meta-heuristic Search Algorithms，也称元启发式算法）解决问题的研究和实践方法。这里的搜索是人工智能领域的搜索，即采用现代启发式搜索算法定义智能搜索策略，增强启发式算法搜索性能，在问题的解空间中搜索最优解或近似最优解。

SBSE 可以追溯到 1976 年，Webb Miller 和 David Spooner 尝试把优化算法用于浮点测试数据的生成。2001 年，Harman 和 Jones 正式提出将软件工程问题转化为基于搜索的优化问题，奠定了基于搜索的软件工程的里程碑。目前该领域的研究涉及软件开发生命周期的各个阶段，包括需求工程中的资源分配与优化，软件设计中的高层体系结构设计，测试过程中的数据自动化生成、测试优化、程序错误自动修复等，维护过程中的软件重构和项目开发管理中的资源优化和软件评估等。据 Harman 维护的 SBSE 研究领域文献库统计，截至 2013 年直接相关的已发表文章超过 1000 篇。该研究领域的中国学者一直跟踪国际研究热点，在国际会议和期刊发表的文献中作者数量占到 5% 左右，中国学者在软件测试的自动化和智能化、测试数据自动生成、组合测试、程序自动修复、基于 GP 的 GPU 并行多目标演化算法等领域有较深入的研究。

6. 软件开发之群智法

20 世纪初，学术界开始关注互联网对软件开发技术产生的影响。目前，国内外学者在互联网软件开发领域取得了大量研究成果，催生出众多新的研究方向，其总体发展现状可以归纳为三个方面。

第一，随着软件企业国际化程度的提高和开源开发模式的发展，软件开发活动呈现出规模化、分布化、复杂化、大众化的特征，涌现出分布式软件开发、全球化软件开发、开源软件开发、软件众包等研究领域。研究对象也从企业级中小规模的软件项目逐步拓展到互联网大规模开源项目，乃至包含数十万开源项目和数百万开发者的整个开源社区。

第二，随着很多超出想象的软件开发成功案例的出现，人们开始认识到大规模软件开发活动具有复杂系统的涌现和演化等非预期特性。比如，人们对 Apache 等知名开源项目的实证研究，使数据分析逐步成为软件开发技术领域的重要研究手段。最新研究进展表明，此类外延式分析研究在软件需求分析、软件开发、软件测试、软件部署和软件运维等各个环节发挥了重要作用，能够有效弥补传统内涵式构造方法的先天不足。

第三，随着软件开发和应用活动的深度融合，围绕软件开发、软件复用、软件演化等方向开展的研究活动相互促进、相互渗透，并逐步展现出与相关传统方向具有深刻区别的技术内涵。基于互联网的软件开发活动具有主体开放对等、边界无限扩展、数据持续积累等诸多新特征，其内涵和外延都远远超出了传统开发者的认知空间和触及范围。面对互联网软件开发技术和生态环境的发展态势，需要以全球视野考察软件开发活动的支撑技术。

7. 软件系统模型和管理

在"人—机—物"三元融合应用中，自适应性成为软件系统的首要特征。近年来，自适应系统的建模和管理研究受到国内外研究者们的广泛关注。在自适应需求建模和分析、自适应需求工程活动和运行时自适应机制的研究方面都取得很多结果。主要的研究工作分为三个方面：自适应系统需求建模方面，人们尝试利用一些已有的需求建模技术捕获和表示自适应需求、已有的工作展示，面向目标（特别是非功能软目标）的方法逐步成为主流，但在环境建模和上下文建模方面仍缺少系统化的方法；在运行时系统自适应调整方面，主要的研究思路仍然来自 IBM 提出的自治计算参考结构，基于控制回路的系统模型成为研究热点；在自适应度量和评估方面，目前的工作多关注如何在质量驱动下设计和实现自适应软件系统，对如何度量软件系统的自适应性的研究不多，未来的主要研究工作将侧重评判标准、度量框架和仿真模拟等方面。

（八）智能感知和人机交互

随着计算能力的提高，智能感知和人机交互方面近年来发展态势良好，在计算机图形学和虚拟现实、多媒体技术、人机交互、计算机辅助设计技术、可视化等方面均呈现出均衡发展的局面。与国际上本领域的研究实践相比，中国近年来理论成果原创性好，在国际上已经形成一定的影响力，在本领域知名国际刊物和会议上发表了一些有影响的论文。但在推动核心技术的产业化方面，与发达国家相比仍存在一定的差距。

1. 计算机图形学与虚拟现实

计算机图形学与虚拟现实的主要研究目标是以计算机技术为核心，对现实世界中的真实对象进行数据采集和建模，进而呈现出高度逼真的可交互虚拟环境。近年来的主要研究关注点包括以下三方面：

（1）获取与建模。数据驱动的模型构建、分析、编辑、理解是研究热点之一。与图像/视频相结合的图形处理、三维模型库和领域知识库的构建得到很大重视，研发了多种新型多维媒体内容获取的便携式设备，产生了众多基于光场、深度、多光谱、力觉、听觉、触觉等多维媒体内容的三维重建技术。

（2）生成与表现。真实感绘制的研究热点趋向于基于 GPU 和并行架构的实时逼真绘制技术，支持复杂材质和复杂光照条件的离线和实时绘制以及支持超高清/高清的真三维显示技术。混合现实的研究主要集中在以增强现实为代表的虚实融合技术。

（3）感知与操作。研究主要集中在新型感知技术与多通道操作方法的设计，其中基于人脸/手势/姿态运动的实时感知、力触觉融合配准与反馈、视听触多通道协调操作逐渐成为研究热点。

2. 多媒体技术

多媒体的研究对象正扩展到超高分辨率、立体、光场、光谱等广泛的视觉数据；研究内容正扩展到多媒体大数据中相关群体的共性；计算基础正从高性能计算扩展到高通量计算。近年来的主要研究特点也可以总结为如下几个方面：

（1）获取与重建。计算摄像结合成像系统与计算信息处理，突破经典摄像模型和系统局限，使得包括视角、空间、光谱、时间等多维度和多尺度的计算成像成为现实，改变了传统微观成像和宏观成像的尺度鸿沟，使得跨尺度成像成为可能，并将实现微观和宏观成像的融合与统一。

（2）编码与表达。传统的混合编码框架下的图像视频编码效率提高了一个新台阶；可伸缩视频编码和立体多视角视频编码的国际标准也已经成形。针对多媒体的多态应用，已经出现了面向监控视频编码的编码标准和面向移动搜索的紧凑描述子等专用编码方法。利用云端相关数据的图像编码方法取得更加高效的压缩结果。

（3）检索与分析。现有的研究集中在描述与识别图像的底层特征、基于特征的相似性计算、相关反馈和图像语义的获取。随着多媒体内容数据的爆炸式增长，现实需求使得互联网规模的媒体信息组织与搜索成为未来研究的主要趋势。

（4）识别与理解。在特征提取方面，从传统的全局特征发展到更加鲁棒的局部特征及多模态特征的融合。在机器学习模型方面，由浅层学习向能够模仿人脑机制的深度学习过渡。可处理的认知语义规模从最开始的几十类发展到现在的上千类；识别与理解的图像数据也从小规模实验室采集图像到大规模（百万）网络图像／视频数据。

（5）计算基础。海量媒体数据的高并发特性与各种新型计算平台具有的高通量处理特性相适应，各种多媒体处理系统都在向云平台迁移，相应的算法并行化和资源管理方法研究也都广泛开展。

3. 人机交互

人机交互是人与计算机之间的信息交换过程。计算已经从桌面延伸到掌上、身上、家电上、环境里，信息交换通道更为丰富，人机关系更为密切，促使人机交互的研究在输入输出技术、交互任务和用户本身方面进行更全面、深入的探索。其研究特点表现为：

（1）交互输入。笔式、触摸、语音和手势交互的发展趋于成熟；基于声、光、电信号人体运动采集的技术不断涌现，多模态交互信息更为丰富；脑机接口突破了传统医疗和科学实验用途，开始应用于交互控制和生物反馈中；3D 输入技术的成本不断降低，性能不断增强。

（2）交互输出。头盔式 3D 显示技术正逐步受到关注，相应的 3D 游戏和应用也在不断丰富；普适的显示技术也有了迅速的发展，显示器可以存在于眼镜和手指上，柔性和弯曲的显示装置可以实现普通物体的显示输出；基于机械振动和电磁效应的触觉装置使得触感模拟更加真实。

（3）交互任务。智能家居和驾驶环境中的交互问题成为研究热点；协同交互从组交互向着群体交互方向发展，人计算的交互应用和交互理论正在迅速发展；机器人交互研究开始逐步关心人和机器人之间情感、信任方面的问题；出现了针对发展中国家和地区使用信息技术的专门研究；活动识别的方法在不断成熟，利用更丰富的传感器感知情景信息的方法也在不断创新。

（4）用户研究。研究者们针对触摸模态，对运动控制理论模型费兹定理进行了扩展，加深了对人体运动能力的认识；出现利用新的传感技术研究人的注意力、交互过程中压力等心理状态的研究；对人的认知、情感等高级心理活动的研究正在出现；利用生理传感器感知人的内部状态的研究正在获得越来越多的关注。

4. 计算机辅助设计

计算机辅助设计技术作为智能社会、虚拟现实、智能制造和虚拟样机等现代高科技的支撑技术日益受到人们的重视，也是当前国内外研究及产业竞争的焦点。近年的研究关注点包括：

（1）计算机辅助设备与工具。三维打印研究及其产业的发展日新月异。在智能手机和可穿戴设备等移动智能体设备上的计算机辅助技术研究正在逐渐成为热点潮流。新型制造工具与产品的不断涌现为计算机辅助技术提供了新的机遇。众多的二维计算机辅助技术研究正在逐渐向相应的立体或三维计算机辅助技术研究转移。

（2）计算机辅助解决方案。二维工程图处理拥有了新的内涵和动态，融入了更多的知识与经验。二维和三维图形的符号与语义识别以及交互手势或人体姿态识别也不断取得突破，模型检索种类与范围也越来越广泛。多源和异构数据的融合与扩展在不断深入，计算机辅助技术不仅在 CAD/CAE/CAM/CAPP/PDM/PLM/ERP/MRO 集成上有了新的变化，并出现交叉融合的新态势，有可能出现新的技术划分方式，而且也向数字医疗与人体健康等方面扩展。

（3）计算机辅助高效仿真。对于刚体、柔性体、流体等的物理仿真过程，时间积分与碰撞处理一直是研究热点。最新的研究包括快速稳定的隐式积分、基于连续惩罚力的碰撞响应、基于机器学习方法的快速近似仿真、基于几何方法的精确碰撞检测、基于多核 /GPU 的仿真加速等。

（4）计算机辅助建模及理论基础。近年来涌现了不少新的建模方式，所允许的约束种类更加丰富，实体设计的质量和效率大为提升。新型硬件设备也为计算机数字控制和精密伺服驱动等计算机辅助基础计算提供了新的机遇与挑战。模型设计误差评估与控制手段得到改善，模型设计精细程度有了很大的改观。

5. 可视化

可视化是研究信息的视觉呈现。交互方法和技术的学科。可视化与可视分析的研究发展迅速，数据对象正从传统的单一数据来源扩展到多来源、多维度、多尺度的数据；可视化的用户正从专家用户扩展到广泛的非特定群体；同时研究更为强调方法的可扩展性和开发的简捷性。

（1）可视化与可视分析理论。开展的工作包括基于已有可视化方法的归纳，总结可视化与可视分析任务解析与方法建立的基本模式和规律；可视化任务设计空间理论；通过系统的用户研究，分析可视化方法的效率和适用性。

（2）可视化与可视分析方法及系统。对于流场流线可视化方法的数据规模可扩展性有突破性提高；集合模拟数据的可视分析涌现了一批新的方法；高维数据可视化进一步深入发展，动态图数据的可视化出现了不少新的工作；对于图、树等数据的定量比较可视化工作开始出现；可视分析方法和模拟的耦合更加紧密；开始重视面向领域的可视化语言的构建；新的可视化交互方式引入了草图绘制等形式。

（3）可视化与可视分析应用。可视化与可视分析的应用往往由领域科学家和可视化专家合作开展研究。近年来可视化与可视分析的应用在急剧扩展，关注的可视分析应用领域包括城市数据、体育运动数据、工业设计、决策分析、计算过程参数空间的可视化。

（九）人工智能研究从逻辑走向数据驱动

大数据时代的到来对人工智能提出了更高也更接地气的要求，极大地推动了人工智能的研究，促进了人工智能各个方向的融合。概率图模型将表示、学习、推理和决策等各个人工智能方向统一融合在一个研究框架之内，同时，能够综合集成多个分支领域成果的"Integrated AI"也受到广泛关注。

近几年来，人工智能技术得到全世界互联网巨头青睐，目前，谷歌、IBM、微软、苹果、Facebook、百度等公司竞相开发深度学习技术，设立了自己的人工智能实验室等，大规模高薪招聘人工智能学科的学术领军人才。比如，谷歌收购了加拿大多伦多大学 Geoffrey E. Hinton 教授创建的人工智能机构，还收购了多家人工智能技术公司如 Siri 自然语言问答系统、MetaWeb 知识搜索公司和 Deep Mind。HP 公司也收购了 Autonomy 语义搜索公司。

美国和欧盟都将大数据驱动的人工智能列为近五年重点支持的研究方向。如美国政府支持筹建一项跨学科的科研项目"基于神经科学技术创新的人脑研究"，美国国家自然科学基金会设有 Robust Intelligence、Cyber learning and Future Learning Technologies 等近期研究计划。欧盟也对 Web 智能研究多有支持，2013 年初提出了"人类大脑计划"，旨在用巨型计算机模拟整个人类大脑。

人工智能的研究成为衡量科技创新能力的重要标志。人工智能技术的应用已经为人们提供了许多前所未有的应用服务，如信息搜索、机器翻译、语音识别、无人驾驶等，改善了人们的生活。业内专家认为，人工智能代表了互联网的未来，是计算机科学发展的大势所趋，是国家产业变革和升级的重大机遇。

1. 机器学习向纵深发展

机器学习与模式识别方向近几年最吸引人眼球的是关于深度神经网络学习的研究。

2012 年 6 月，《纽约时报》报道了 Google Brain 项目，吸引了公众的广泛关注。这个项目由著名的斯坦福大学机器学习教授 Andrew Ng 和大规模计算机系统方面的世界顶尖专家 Jeff Dean 共同主导，用 16000 个 CPU Core 的并行计算平台训练一种称为"深层神经网络"（Deep Neural Networks，DNN）的机器学习模型，在语音识别和图像识别等领域获得了巨大的成功。2012 年 Google 公司提出的具有 10 亿参数的谷歌大脑深度神经网络可以从海量的自然图片中学习到人体、猫脸等高级概念，并且在计算机视觉公开测试任务中大幅提高准确率。

2012 年 11 月，微软在中国天津的一次活动上公开演示了一个全自动的同声传译系统，讲演者用英文演讲，后台的计算机一气呵成自动完成语音识别、英中机器翻译以及中文语音合成，效果非常好。据报道，后面支撑的关键技术也是 DNN。这些在图像和语音识别方面取得的突破，标志了深度学习的成功。2013 年 4 月，《麻省理工学院技术评论》杂志将深度学习列为 2013 年十大突破性技术（Breakthrough Technology）之首。

近年来中国学者在集成学习、贝叶斯学习、流型学习、神经网络、聚类分析、特征提取和机器学习理论研究等方面取得了令国际同行瞩目的学术成果，先后有中国学者出任国际知名学术刊物的编委甚至主编。同时，在产业界方面，百度公司近期成立的百度研究院其第一个重点方向就是深度学习，该研究院吸引了 Andrew Ng、张潼等若干顶尖的机器学习专家加盟。

2. 自然语言理解

在自然语言处理方面，2011 年 IBM 公司构建的 Watson 系统综合利用了大数据、强大计算资源、自然语言理解以及智能决策等方面的技术，最终在"危险边缘！"（Jeopardy!）电视节目上打败人类冠军。该系统展现了如何综合人工智能领域的多种技术，使机器具有较强的自然语言理解和决策功能，目前该系统已被用在医疗、金融等重要领域。美国国防部 DARPA 设有面向国家安全的 Broad Operational Language Translation、Deep Exploration and Filtering of Text 等自然语言处理研究项目。

国内研究人员在汉语、少数民族语言信息处理、汉语语音合成和识别、情感计算、社会媒体处理等方面取得了国际领先的研究成果。国内学者已经担任了本领域影响力最大的国际学术组织 ACL 的主席以及专门研究汉语言处理的国际学术组织 SIGHAN 的主席，也有国内学者担任了国际自然语言处理领域具有重要学术影响的国际学术杂志 *ACM Transactions on Asian Language Information Processing*、*Machine Translation* 的编委。

总而言之，国内在人工智能上述方向上已经聚集了一大批研究人才，不仅已经在该领域的顶级会议和期刊上发表了一批有影响力的研究成果，更有中国学者获得了 AAAI 2012、ACL 2012、ICML 2014 最佳论文奖和 IJCAI 2013 最佳报告奖，逐渐引起了国际人工智能界的重视，近年来已经有多个人工智能方面的顶级学术会议首次由中国承办，如 KDD 2012、IJCAI 2013、ICML 2014、ACL 2015 等。在人工智能应用领域，国内研制的人脸识别、虹膜识别、指纹识别、手写汉字识别、语音识别与合成、机器翻译等系统达到了非常高的水平，部分系统在国际测试中性能处于领先。

四、计算机学科发展趋势及展望

计算机科学技术的发展是信息技术发展的基石，根据当前计算机科学技术的发展现状，可以预计未来几年计算机科学技术的发展对信息技术变革将起到重要作用，如使人机相互感知的智能传感和控制技术，催生大数据科学的大数据存储、分析和可视化，突破 TCP/IP 协议局限性的未来互联网技术，促使信息技术渗透方式和应用模式发生变革的物联网和云计算的兴起等。计算机科学与技术研究和应用的新特点将体现在：基于大数据分析和处理的社会和科学现象发现；感知 / 决策 / 控制一体化使能的人 – 机 – 物融合计算；移动互联和云计算架构下的按需服务；基于脑认知的类脑计算机和类人机器人脑机接口；等等。

第一，计算机科学技术生态系统的建立是学科发展成熟度重要标志之一。美国提出发展国家范围的先进信息技术生态系统，专门设立国家协调办公室（NCO）负责联邦政府的"网络与信息技术研发计划（NITRD）"的实施。NITRD 计划是由政府协调的网络化和信息技术

（IT）研究与发展（R & D）投资的主要机制，共有 18 个联邦机构，其中包括所有的大型科技机构，都是 NITRD 计划的正式成员，许多其他联邦机构也参与 NITRD 活动。NCO 明确包括大数据、信息空间安全和信息确保、人机交互和信息管理、高可信软件和系统、高端计算、健康信息技术研究和开发、大规模网络、软件设计和生产力等重点研究方向和领域。

第二，高性能计算仍然是各国的计算机科学技术发展力争控制的制高点。长久以来，发达国家在高性能计算领域一直占据绝对优势地位。近年来中国的"天河二号"等超级计算机呈现崛起的态势，在国际超级计算机 TOP500 组织发布的世界超级计算机 500 强排行榜上连续 5 次位居世界超算 500 强榜首。2015 年 7 月 29 日，美国创立"国家战略计算计划（NSCI）"项目，不仅表明美国政府深刻认识到高性能计算在现在社会中所具有的至关重要的地位，同时也反映了美国政府对当前美国高性能计算发展日益强烈的担忧。该计划制订美国高性能计算发展的 4 大原则和 5 项主要目标，既包括大数据也包括高性能计算，是两者的有机融合，不仅是建造运算速度最快、性能最强大的计算机，而且是建立一个基础深厚的技术生态系统，为美科学研究机构雄心勃勃的研究目标提供支持，为基于高性能计算系统的汽车、飞机、专业制药等产业的设计、测试与制造构筑日益坚实的基础，对于未来计算技术发展、科学探索、国家安全及经济竞争至关重要。

第三，不同行业的大数据得到充分挖掘和分析，计算机科学技术发展促进各行各业研究和应用的发展。通过 NCO，美国国家科学基金会、国立卫生研究院、能源部、国防部、国防高级研究计划署和美国地质调查局 6 个机构于 2012 年联合发布了"大数据研究计划"，其目标是改进现有人们从海量和复杂的数据中获取知识的能力，从而加速美国在科学与工程领域发明的步伐，增强国家安全，转变现有的教学和学习方式，提高收集、存储、保留、管理、分析和共享海量数据所需核心技术的先进性，扩大大数据技术开发和应用所需人才的供给，力争在科学发现、环境保护和生物医药研究、教育以及国家安全等领域利用大数据能力的突破。

第四，促进社会的进步和人类生活的智能化程度是计算机科学技术发展的原动力，计算机科学技术的发展直接促进人类社会生活的进步。各国近年来都在努力通过计算机科学技术等促进社会生活的智慧化。2013 年 12 月，欧洲委员会发布了欧盟科研创新计划"地平线 2020"（Horizon 2020）的项目征集公告，该计划总预算为 800 亿欧元。在最初两年里，启动资金为 150 亿欧元，旨在促进欧洲的知识驱动型经济、改善人民生活。2014/2015 年的行动重点将涵盖 12 个领域，如个性化健康医疗、数字化安全和智慧城市等。在 ICT 研究和创新领域包含了信息和通信技术这一个领域，其中包括新一代构件和系统、先进计算、未来互联网、内容技术和信息管理、机器人、微纳米级电子和光电技术六个方向。其中强调现代信息和通信技术系统的潜力和能力仍然呈几何级数增长，这得益于电子学、微系统、网络等的发展，掌控日益复杂的信息物理系统和机器人的能力以及数据处理和人机界面方面的发展。这些发展为欧洲基于各种创新设备、系统和应用开发下一代开放平台提供了重大机遇，他们希望这些交叉主题将有助于解决网络安全、物联网和以人为中心的数字时代的研究等中间问题。

第六，神经信息学将成为一门新兴的边缘学科，促进人类脑认知的研究，为实现"认识脑、保护脑、创造脑"的目标作出贡献。人类大脑计划是近年来计算机科学技术与其他学科深度交叉的新型领域，目标是利用现代化信息处理工具和手段，使神经科学家和信息科学家能够将脑的结构和功能研究联系起来，建立神经信息学数据库和鱼贯神经系统所有数据的全球知识管理系统，并研究其检索、比较、分析、整合、建模和仿真技术。美国在2013年正式启动人类大脑研究计划，其研究目前处于领先地位。欧洲确定了"脑的二十年研究计划"，日本也将21世纪视为"脑科学世纪"，研究热潮遍布全球。随着欧美等国家相继启动各种人脑计划，类脑计算的研究在中国得到广泛关注，中科院自动化所和清华大学等相继成立类脑智能和类脑计算研究中心。中国政府也高度重视，正在论证相关计划，筹划全面启动"中国脑计划"。

计算机科学技术一直就是信息科学的基础和支撑，在社会经济发展中占有重要的地位，它的发展充满了机遇和挑战。

—— 参考文献 ——

［1］中国计算机学会主编. CCF 2013–2014 中国计算机科学技术发展报告［M］. 北京：机械工业出版社，2014.

［2］中国计算机学会主编. CCF 2014–2015 中国计算机科学技术发展报告［M］. 北京：机械工业出版社，2015.

［3］中国科学院. 科技发展新态势与面向2020年的战略选择［M］. 北京：科学出版社，2013.

［4］高文. 网络视频服务的关键问题［J］. 中国计算机通讯，2013，9（1）：25–29.

［5］刘庆峰. 移动互联网时代的语音技术［J］. 中国计算机通讯，2013，9（1）：30–33.

［6］田荣，孙凝晖. 关于我国百亿亿级计算发展的思考［J］. 中国计算机通讯，2013，9（2）：52–60.

［7］吴朝晖，李石坚，潘纲. 普适计算2018：发展趋势［J］. 中国计算机通讯，2013，9（2）：61–66.

［8］金海，廖小飞，叶晨成. 内存计算：大数据处理的机遇与挑战［J］. 中国计算机通讯，2013，9（3）：40–45.

［9］陈铭松，黄赛杰，李昂. CPS研究热点概述［J］. 中国计算机通讯，2013，9（7）：8–15.

［10］郑宇. 城市计算与大数据［J］. 中国计算机通讯，2013，9（8）：8–16.

［11］陈云霁，陈天石，谭奥维. 神经网络计算机的涅槃［J］. 中国计算机通讯，2013，9（10）：30–35.

［12］李曦，陈香兰，王超，等. 异构计算需要新的操作系统抽象［J］. 中国计算机通讯，2013，9（11）：52–60.

［13］杨学军. E级计算的挑战和思考［J］. 中国计算机通讯，2013，9（12）：29–32.

［14］CCF大数据专家委员会. 2014年大数据发展趋势预测［J］. 中国计算机通讯，2014，10（1）：32–36.

［15］闵应华. 我所理解的"软件定义网络"［J］. 中国计算机通讯，2014，10（1）：65–69.

［16］周明辉，郭长国. 基于大数据的软件工程新思维［J］. 中国计算机通讯，2014，10（3）：37–41.

［17］陈天石，陈云霁. 体系结构研究者的人工智能之梦［J］. 中国计算机通讯，2014，10（5）：48–52.

［18］安波，史忠植. 多智能体系统研究的历史、现状和挑战［J］. 中国计算机通讯，2014，10（9）：8–13.

［19］梅宏，黄罡，曹东刚. 从研究者的视角认识"软件定义"［J］. 中国计算机通讯，2015，11（1）：68–72.

［20］都大龙，余轶南，罗恒. 基于深度学习的图像识别进展：百度的若干实践［J］. 中国计算机通讯，2015，11（4）：32–39.

［21］吴军. 可穿戴技术的机会与挑战［J］. 中国计算机通讯，2015，11（4）：44–47.

［22］吴建平，李丹，邹婷. AND：地址驱动的网络体系结构［J］. 中国计算机通讯，2015，11（6）：10–17.

［23］罗洪斌，张宏科. 前后向兼容的未来互联网体系结构［J］. 中国计算机通讯，2015，11（6）：18–24.

［24］ 宋刚. "互联网 +" = 新一代 ICT+ 创新 2.0［J］. 中国计算机通讯, 2015, 11（6）: 51–55.

［25］ 陈云霁. 体系结构研究者眼中的神经网络硬件［J］. 中国计算机通讯, 2015, 11（7）: 10–19.

［26］ 李国良. 人机协作的群体计算［J］. 中国计算机通讯, 2015, 11（7）: 20–26.

［27］ 陆品燕. 理论计算机［J］. 中国计算机通讯, 2015, 11（7）: 27–34.

［28］ 朱文武, 吴飞. 媒体计算新进展与挑战［J］. 中国计算机通讯, 2015, 11（8）: 10–14.

［29］ 李德毅. 脑认知的形式化［J］. 中国计算机通讯, 2015, 11（12）: 26–28.

［30］ 潘建伟. 量子信息技术前沿进展［J］. 中国计算机通讯, 2015, 11（12）: 29–34.

［31］ 胡事民. 网络环境下的计算可视媒体［J］. 中国计算机通讯, 2015, 11（12）: 49–53.

［32］ Neal Leavitt. Bring Big Analytics to the masses［J］. IEEE Computer, 2013, 46（1）: 20–23.

［33］ Samtosh Kumar, Wendy Nilsen, Misha Pavel, et al. Mobile Health: Revolutionizing Healthcare Through Transdisciplinary Research［J］. IEEE Computer, 2013, 46（1）: 28–35.

［34］ Gunar Schirner, deniz Erdogmus, Kaushik Chowdhury, et al. The Future of Human-in-the-Loop Cyber-Physical Systems［J］. IEEE Computer, 2013, 46（1）: 36–45.

［35］ Mohamed Ali Feki, Fahim Kawsar, Mathieu Boussard, et al. The Internet of Things: The Next Technological Revolution［J］. IEEE Computer, 2013, 46（2）: 24–25.

［36］ Sherali Zeadally, Gregorio Martinez, Han-Chieh Chao. Security Cyberspace in the 21st Century［J］. IEEE Computer, 2013, 46（3）: 22–23.

［37］ Theresa-Marie Rhyne, Min Chen. Cutting-Edge Research in Visualization［J］. IEEE Computer, 2013, 46（4）: 22–25.

［38］ Katina Micheal, Keith W Miller. Big Data: New Opportunities and New Challenges［J］. IEEE Computer, 2013, 46（4）: 22–24.

［39］ Marc Streit, Oliver Bimber. Visual Analytics: Seeking the Unknown［J］. IEEE Computer, 2013, 46（7）: 20–21.

［40］ Greg Atwood, Soo-Ik Chae, Simon S Y Shim. Next-Generation Memory［J］. IEEE Computer, 2013, 46（8）: 21–22.

［41］ Shinivas Devadas. Towards a Coherent Multicore Memory Model［J］. IEEE Computer, 2013, 46（10）: 30–31.

［42］ Vladmir Getov. Computing Laws: Origins, Standing and Impact［J］. IEEE Computer, 2013, 46（12）: 24–25.

［43］ Carl Chang, Bill N Schilit. Aware Computing［J］. IEEE Computer, 2014, 47（4）: 20–21.

［44］ Oliver Bimber. Thinking Virturl［J］. IEEE Computer, 2014, 47（7）: 22–23.

［45］ Ying-Dar Lin, Dan Pitt, David Hausheer, et al. Software-Defined Networking: Standardization for Cloud Computing's Second Wave［J］. IEEE Computer, 2014, 47（11）: 19–21.

［46］ 吴建平, 李星. 下一代互联网［M］. 北京: 电子工业出版社, 2012.

［47］ 李学龙, 龚海刚. 大数据系统综述［J］. 中国科学: 信息科学, 2015, 45（1）: 1–44.

［48］ 王怀民, 吴文峻, 毛新军, 等. 复杂软件系统的成长性构造与适应性演化［J］. 中国科学: 信息科学, 2014, 44（6）: 743–761.

撰稿人: 金　芝

专题报告

高性能计算技术研究进展

高性能计算与理论和实验一起，并称为科学与工程研究的三大手段，被认为是科技创新核心竞争力的重要方面和推动国家安全与发展的强力引擎。然而，高性能计算只有实际应用于国家安全与发展的重大行业应用，切实推动科技创新，提升工程设计和科学认识水平，才能实现这样的价值。

近五年来，国产高性能计算机系统多次荣登世界 TOP500 榜首，天津、长沙、深圳、广州、济南相继建立了五个国家超算中心，再加上中科院超算中心、上海超算中心，已初步建成了国家超算环境。国家超算环境构成了中国高性能计算应用的硬件支撑环境，总体已经达到国际先进水平。

本专题报告综述国内外高性能计算机技术的现状和发展趋势，阐述了中国高性能计算机技术现有基础和不足，特别指出了未来发展趋势与需求，并给出了相应的发展对策。

一、国际高性能计算机技术现状与发展趋势

（一）高性能计算领域总体发展状况

高性能计算机技术是信息时代世界各国特别是发达国家竞相争夺的技术制高点，是一个国家综合国力和科技创新力的重要标志。美、日等发达国家和欧盟地区不断研制出高性能的计算机，机器运算速度屡创纪录，极大促进了科技进步和国民经济发展。

当前，美国、日本、欧盟、俄罗斯、印度等国家和地区已经启动 10 亿亿 ~ 100 亿亿次级计算机的研究。美国政府 DOD、DOE、NSA、NSF 等部门参与投资规划和应用引导；Intel、Nvidia、IBM、Cray 等多家计算机企业积极承研任务，开展技术研究。日本由文部省规划，富士通公司（Fujitsu）、理化研究所等参与研究。欧洲通过欧盟整体实施 HPC 政

策和资助项目，参与国家有德国、法国、英国等。俄罗斯由联邦原子能公司牵头组织研究。上述各国未来的主要研究计划如表1。

表 1　100P–E 级计算机的科技计划和部署

	机构	2015 年	2018 年	2020 年
企业	IBM	100P	1000P	—
	Intel	—	—	1000P
	Nvidia	—	—	1000P
国家	美国 DOE	＜ 100P	100 ～ 300P（2017 年前）	1000P（2022 年）
	美国橡树岭	—	100P（2017 年前）	1000P
	俄罗斯	10P	100P	1000P
	日本	100P	—	1000P
	欧洲（西班牙）	50P	200P	1000P

中国科技部"十二五""863"计划设立了研制 10 亿亿次系统的任务，在 2015 年完成两台 10 亿亿次系统的研制。

高性能计算技术由计算机硬件、软件和应用技术构成，包括体系结构、处理器、存储器、互连、操作系统、语言、编译器、虚拟化技术等。在过去的 40 多年中，这些技术的发展推动了高性能计算机从萌芽阶段、向量机阶段走向大规模并行处理机（MPP）、集群系统和多态复合异构发展阶段。

与现有千万亿次级（P 级）高性能计算机相比，未来的百亿亿次级（E 级）计算机在在效率、能耗、可靠性以及应用的适应性等方面都将面临一系列前所未有的挑战。

（二）高性能计算领域技术发展水平评估

高性能计算机的系统性能呈现十年近千倍的增长趋势，快于摩尔定律的速度增长，自 20 世纪 60 年代 CDC6600 推出以来，至今性能已提高了近百亿倍。据 2014 年最新发布的世界 TOP500 计算机排行榜显示，世界运算速度最快的前十大超级计算机分别来自美国、中国、日本三个国家。当前世界上运算速度最快的计算机是中国的"天河二号"超级计算机，其采用了异构多态体系结构，设计了异构计算阵列和新型并行编程模型及框架，并在高速互连、新型层次式加速存储架构等方面取得一系列创新和突破。"天河二号"峰值计算速度每秒 5.49 亿亿次，持续计算速度每秒 3.39 亿亿次，这是中国超级计算机连续 3 次居全球第一的位置。

目前，高性能计算机研制能力处于 100P 量级，国际上的后续发展计划是在 2020 年后达到 E 级计算水平。国外相关 E 级计划表明，由于现有集成电路工艺条件的制约，在有限功耗和工艺条件下，E 级计算机开发面临许多技术挑战，具有不确定性，美国多个计划已经向后延迟；其他国家也在采取阶段性推进策略，探索前行。目前中国在 E 级计算机研究方面还存在较大差距，主要体现在基础技术储备不足、核心关键技术难以满足 E 级计算需求等方面。

（三）E 级计算机技术研发阶段国际竞争状况

高性能计算领域 E 级计算机技术研发阶段的国际竞争激烈。美国等西方发达国家处于技术研发的第一梯队。从 2010 年起，欧盟、美国和日本等发达国家竞相加强了对 E 级计算机的研究，研究内容包括 E 级计算机应用、硬件体系结构、软件技术等，已经形成了若干研究报告。美国在 DARPA UHPC 等计划的推动下，NVIDIA、Intel 和 IBM 公司已经启动 E 级计算机硬件的研究工作，并针对处理器、体系结构、低功耗等重点技术进行了研究。欧盟和美国等政府相关部门还组织科学家联合研究 E 级系统软件发展，描述了软件的发展路线图。

中国处于技术研发的第二梯队。2014 年开始，国家"863"计划启动了"E 级超级计算机新型体系结构及关键技术"研究项目，总体目标是：以国家信息化的核心基础设施建设的重大战略需求为牵引，以解决下一代 E 级高效能计算机系统的效率、能耗、可靠性、应用适应性等方面的瓶颈问题为核心，以对产业应用的辐射为导向，提出并论证适合 E 级计算系统的新型体系结构及配套关键技术。

俄罗斯、印度等处于技术研发的第三梯队。俄罗斯近几年加强了高性能计算机的研发，其联邦原子能公司于 2011 年 9 月批准"2012—2020 年百亿亿次超级计算机为基础的高性能计算技术构想"，拨款 450 亿卢布，计划每三年将运算速度提高一个数量级。印度也提出了在 2020 年前建造 100 亿亿次计算机的目标。

（四）E 级计算机技术研发阶段国际竞争综合判断

美国、日本等发达国家占有先天优势。首先，半导体集成电路工艺发展对高性能计算机的计算密度和功耗控制至关重要。美国 Intel 公司 2013 年采用 14 纳米，2015 年采用 10 纳米，2017 年采用 7 纳米工艺。美国 IBM 公司 2013 年采用 22 纳米，2016 年采用 14 纳米。同时，采用 3D 堆叠技术的混合存储立方体（HMC）将对百亿亿次级系统存储器性能带来巨大影响，将大幅提升带宽、显著降低单位功耗。国外 2014 年出现企业级 HMC 产品，2015 年左右将出现面向高性能处理器的 HMC 存储器产品，2017 年应可较好使用 HMC 产品及其相关 IP。因此，在处理器、体系结构、低功耗等重点技术研究上，美国、日本等发达国家会率先突破 E 级计算机的关键技术。其次，美国等发达国家在 E 级高性能计算机软件、E 级高性能计算机应用方面的研究领先其他国家更多。

中国在大规模并行体系结构、自主 CPU 设计、系统软件和高性能计算应用等多方面实现了历史性突破。但中国在基础器件（高性能处理器、互连芯片）的后端生产、封装、测试等环节以及设计工具长期受制于外，国内工艺普遍落后 2 代以上。在新原理计算器件和新型计算系统等方面的基础性研究不足，研究成果的转化艰难。应用软件的开发多基于国外开源软件，自主创新不足。中国在 E 级计算机技术研发阶段的竞争力仍有差距（图 2）。

表 2　中国现有研发基础、水平与应用情况分析

热点技术	中国研究基础与世界先进对比 （根据一致性分 5 档评分）	中国工程水平与世界先进对比 （根据一致性分 5 档评分）
集成电路工艺	2	3
E 级高性能计算机体系结构	3	4
E 级高性能计算机软件	2	3
E 级高性能计算机应用	2	2

（五）高性能计算领域技术发展趋势

根据超级计算机的应用需求、发展趋势及业界分析，2016 年将推出 10 亿亿次（100P）量级的计算机，2022 年左右将出现 E 级计算机。国际上已经展开了对 E 级系统机的研究，具体方案还未确定。随着系统规模的扩大，仅依靠已有传统技术来实现高性能计算机性能大幅增长的做法不再可行。

1. 体系结构

体系结构向多态复合、自适应方向发展。E 级系统需要在同构与异构、通用与专用、动态与静态之间获得最优平衡，适应不同应用领域的需求，高效实现不同性能目标，构建不同性能和功能的计算环境。实现体系结构的灵活组织，多种计算资源比例灵活调整和性能功耗的平衡。同时运行过程中根据应用的计算特征、访存特征、IO 特征、功耗特征等，系统自适应地进行工作状态的调节和重塑。

2. 高性能处理器

超高性能处理器是超级计算机的核心。近年来超级计算机中使用众核处理器的比例逐年增加，2013 年 11 月最新一期 TOP500 排名中，前 20 名有 12 台超级计算机使用了众核处理器，占总数的 60%。

从现有的技术发展趋势可以看到，众核处理器将是实现 E 级计算机的关键，其性能将直接关系到 E 级系统的能力、功耗和规模。当前的众核处理器性能已达到万亿次 / 秒（T 级），Intel、NVIDIA、AMD 等公司竞相研究更高性能的众核处理器。

新技术的出现可进一步延续摩尔定律的寿命，更多处理核心与存储单元可以利用越来越多的单片晶体管资源。预计到 2015 年，X86 多核处理器运算能力可以达到约每秒 2000 亿次（200GFlops）以上，GPU 类众核处理器达到每秒 3 万亿次（3TFlops）；2020 年，处理器性能可达到每秒 15 万亿次（15TFlops）左右。在能效方面，2015 年多核处理器能效达每瓦 60 亿 ~ 80 亿次（6 ~ 8GFlops/W），众核处理器（GPU 等）达到约每瓦 200 亿次（20GFlops/W）；2020 年前，处理器能效将达到每瓦 300 亿次（30GFlops/W）以上。

当前，国际上高性能微处理器的学术研究和工业实践延续了持续提升集成性能、降低总功耗、提高能效比的发展思路。典型的研究方向包括：高效能微结构；异构结构与加速部件集成；三维处理器结构；非易失存储器件存储层次；非传统处理器体系结构等。

3. 存储器

当前主存容量按每三年 2 倍的速度提高，单片 DRAM 芯片的容量在 512MB 左右，根据国际半导体集成电路路线图预测，到 2018 年，每块 DRAM 芯片的可用容量在 2GB 左右，主存访问接口的延迟基本不变，DDR 数据传输率可达 51.2GB/s。GDDR 可实现 224GB/s 的访存带宽。

混合存储立方 HMC 技术将对存储器性能带来革命性影响，预计 HMC 相对于 DDR3 模块能够取得 15 倍的带宽增益，而单位功耗将下降 70%。第一代 HMC 访存带宽可达到 128GB。根据研发规划，企业级 HMC 产品（优先满足高性能计算和通信的需求）将于 2015—2016 年进入消费领域。

4. 高速互联网络

高可扩展网络结构是高速互联网络设计的关键，其设计目标是以尽可能低的成本，可靠而又高效地将一定数量的功能节点连接起来构成一个性价比高的网络系统，需要研究新型的互联网络的拓扑结构以及与之相适应的路由算法和交换技术。

2015 年前，电互联技术快速发展，PCI、HT、QPI、IBA、以太网等技术体制继续普遍使用，传输带宽需求达到 100GB/s 以上。2020 年前，随着技术的发展，光互联在解决了光信号误码率、光器件可靠性等主要问题后，也将越来越多地应用于高性能计算机内的互联，如应用于机柜间、板间、芯片间甚至芯片内；使用波分复用的光互联技术，系统节点间互联的单向带宽可达万字节 / 秒级（TB/s）。

5. 操作系统

传统的操作系统已经无法满足 E 级计算带来的海量并行、容错、节能等需求。近年来，高性能计算机的节点操作系统的研究重点已发展到海量并发条件下的同步性和系统噪声抑制、分布式 I/O 服务、能耗管理、性能诊断分析、系统级容错和运行时环境支持等多个方向。2012 年 9 月，美国能源部通过先进科学计算研究计划（Advanced Scientific Computing Research，ASCR）启动了旨在解决 E 级计算的五个根本性挑战（Scalability，Programmability，Performance Portability，Resilience and Energy Efficiency）的 E 级计算平台系统软件栈研究计划 X-Stack。该计划支持了 Sandia 国家实验室（SNL）的 XPRESS（eXascale Programming Environment and System Software）项目，研究支持 E 级计算的操作系统环境。2013 年，ASCR 又同时启动了 Argo 和 Hobbes 这两个面向 E 级计算的操作系统和运行时环境的研究项目。这两个项目都是跨多个国家实验室和大学的联合研究计划。Argo 项目的核心技术在于节点资源的动态重配置、海量并行性支持、功耗与容错体系框架以及资源管理器和优化器对底层平台的自动控制。Hobbes 项目则基于 SNL 在 Kitten 和 Palacios 等轻量级操作系统核心或虚拟机管理器方面的技术积累，与 Argo 项目相比，倚重轻量级虚拟化技术是该项目的一大特色。按照项目计划，这两个项目将在 3 年内为届时有望进入实施阶段的 E 级计算机分别提供一套操作系统和运行时环境的解决方案。

6. 编程模型

伴随着高性能计算机的发展，许多并行编程模型被用于表达并行性、依赖关系、数据共享和执行语义。表 3 给出了当前高性能计算领域的一些代表性编程模型。

表 3　高性能计算领域典型编程模型

类型	模型实现
消息传递	MPI
PGAS（分割全局地址空间）	CAF、UPC、GA、OpenSHMEM、Chapel、X10
异构模型	CUDA、OpenCL、OpenACC、OpenMP4.0

MPI 是当前分布存储系统上并行编程模型的代表，2012 年 9 月 MPI 组织发布了 MPI 3.0 标准，增加了对异步全局聚合通信、容错等的支持，面对 E 级计算的挑战，MPI 的研究重点在于可扩展性设计（特别是存储可扩展）、异构计算等技术。

共享存储编程模型一般在结点内使用，缺乏异构、NUMA 等方面的支持，不能精确地感知 E 级系统复杂的结点结构，适应性受到限制。

目前，异构系统编程模型主要分为两类：一是低级编程模型，如 CUDA 和 OpenCL 标准，这类编程模型通过暴露硬件特征使得用户可以显示控制管理底层硬件，发挥众核性能，然而，低级编程模型无法很好地屏蔽硬件细节，编程困难；二是高级编程模型，最有代表性的是 OpenACC 标准，这类编程模型能够提供高级抽象，通过用户指导语句将有用信息提供给编译器，由编译器和运行时管理 CPU 和加速器之间的程序和数据传输，基于该类编程模型设计的编程语言简洁高效，支持跨平台代码移植，易于学习掌握，可极大缩短遗传代码移植开发周期。然而，当前的异构编程模型一般用于开发规则的数据级并行，一方面缺乏任务并行、任务调度等方面的表述，另一方面对于应用中数据访问不规则的情况，在模型和语言层面也缺少支持。

7. 并行程序调试和性能分析

针对并行程序调试问题的技术主要有两类：确定性并行技术和可重放技术。确定性并行技术通过消除程序执行过程中进程 / 线程间执行顺序的不确定性，保证并行程序在相同的输入下执行结果相同。确定性并行技术通过专门的编程模型 / 接口和运行时环境实现并行进程 / 线程执行过程的控制，代表性技术有 DMP、DPJ、Kendo 等。确定性并行技术需要编程配合，增大了编程复杂性，而且执行过程的控制也以损失性能为代价。可重放技术又称为确定性重放技术，它通过记录并行程序执行过程信息，在调试时重放，使编程人员可以多次重现程序出错时的执行过程，帮助定位程序中的错误。如何降低信息采集的时间开销和存储空间占用，是此类技术的热点问题。代表性技术有基于硬件和完全记录的

FDR、基于硬件和部分记录的 LReplay、基于软件的 SMP-ReVirt、RacX 等。

由于 E 级计算系统中程序进程 / 线程数量众多，无论是确定性并行技术还是可重放技术，都面临着巨大的挑战。对于确定性并行技术，主要问题是存在较大的开销；对于可重放技术，程序执行过程中将产生海量的执行过程数据，一方面使数据的采集、传输和存储变得更加困难，另一方面也会干扰程序的执行，进而导致程序执行过程失真。

用于并行程序性能分析的方法主要有两种：一种是基于代码插入测量的方法，使用"插桩、测量、分析"的框架模式；另一种是基于周期性采样的方法，不改动用户程序，通过周期性的中断程序获得性能分析的数据。其中基于代码插入测量的方法可获得具有结构化语义的性能数据，是近年来的研究热点，主流的并行应用性能分析软件，如 TAU、Scalasca、Paraver、PerfExplorer、Vampir NG 和 Jumpshot 等均基于这种方法。

大规模环境下的性能数据测量主要以降低数据量和提高测量的准确性为目标。在降低数据量方面，主要方法包括有损在线压缩法、无损在线压缩法、基于采样的方法等。有损压缩和无损压缩算法尽管减少了性能数据量，但是随着并行程序向超大规模发展，轨迹性能数据量呈指数级增长，使用这些方法并不能解决超大规模并行应用程序面临的问题。另一类有效降低数据量的方法是基于采样的方法。

二、中国高性能计算机技术现状与发展趋势

（一）高性能计算领域总体发展状况

20 世纪 90 年代以来，中国在高性能计算机研制方面已经取得了较好的成绩，掌握了一些关键技术，参与研制的单位已经从科研院所发展到企业界，有力地推动了高性能计算的发展。中国的高性能计算环境已得到重大改善。自 2005 年以来，中国 TOP100 高性能计算机的性能呈线性增长，且增长速度远远高于前几年。在第 41 届高性能计算机 500 强排名中，"天河二号"最终以 54900Tflops 的峰值运算速度和 33860Tflops 的 Linpack 测试值战胜上届排名第一的美国泰坦（Titan）超级计算机，荣登榜首。这也是继 2010 年 11 月"天河 -1A"超级计算机之后，中国的超级计算机重返世界第一的位置。

高性能计算有以下几个特点和趋势：①高性能计算机应用需求呈线性增长；② HP 和曙光两家占据了 73% 的份额，表现活跃，市场有集中化发展态势，国产厂商依然任重道远；③刀片服务器集群占据 33% 的份额，集中应用于石油勘探和网络游戏领域，改变了以传统机架服务器集群为主导的单一产品模式；④石油勘探、物理化学材料、CAE（计算机辅助工程）、生命科学、气象环境与海洋和图像渲染是高性能计算在国内的六大主要应用领域，70% 以上的系统直接应用于工商业领域，纯粹科研计算的系统已大幅减少；⑤很多从事高性能计算机研究的企业和科研单位涌现出来，他们在各自的领域获得了很多令人瞩目的成就，并且制订了相应的计划；⑥中国随着"天河一号"和"天河二号""曙光星云""神威蓝光"等一系列超大型计算机的出现，高性能计算机得到迅速的发展，但高性能计算人才

储备依然匮乏，高性能的软件开发和应用远远落后于计算机硬件的发展；⑦高性能超级计算机的应用效率相对于美国、日本普遍较低，用于科学计算研究的超级计算机不到 20%，用于金融业和制造业的比例也偏少，导致超级计算机在实际生产当中没有发挥应有的作用。

（二）现有技术基础与不足

经过对千万亿次、亿亿次高效能计算机的研发，中国高性能计算机技术的研究具备了以下基础。

1. 新型计算机体系结构

目前，中国的高性能计算体系结构技术已经达到了国际先进水平。神威研究团队提出了面向亿亿次高效能计算机的多态复合高效能可扩展体系结构，基于国产多核计算、商用辅助计算、国产众核计算等多种形态资源完成千万亿次高性能计算机系统。联想深腾7000 在综合考虑性能、功耗、可编程性、可靠性等技术指标的基础上，提出了异构混合的千万亿次高效能计算机总体方案。天河一号 / 二号高效能计算机系统大规模采用了 CPU+GPU/MIC 的异构融合体系结构，实现了异构融合的高效能体系结构设计。

但是，E 级系统的实现绝不是现有 P 级系统的简单扩展。随着系统规模的扩大，必然受到功耗、访存、通信、可靠性等因素的制约，系统效率将不断下降，从而导致资源耗费庞大。面向 E 级的体系结构，必然是一个满足多目标约束下的方案，其核心是在功耗的限制下提供和 E 级规模匹配的计算能力、存储能力以及通信能力等。我们必须在多目标空间约束、计算子系统、存储 IO 子系统几个方面对 E 级计算体系结构开展深入研究。

2. 自主高性能处理器技术

"核高基"重大专项支持下的多核与众核处理器研究取得重大突破，先后大规模应用于国产千万亿次系统。

国防科大的首款多核处理器 FT-1000 应用于天河 -1A 千万亿次机，采用了 8 核 64 线程的架构，片内集成 L2 cache、4 个 DDR3 存控和 1 个 PCIE2.0 控制器，集成 3 个一致性直连接口支持 2 ~ 4 个 CPU 直连，主频为 1GHz。最新的 FT-1500 处理器应用于天河 -2 高效能计算机，采用 16 核 64 线程的架构，集成 L3 cache、4 个 DDR3 存控和 1 个 PCIE2.0 控制器，主频为 1.8GHz。下一代飞腾处理器将应用于新一代天河计算机系统。

中科院完成的龙芯 3B 芯片采用 65nm CMOS 工艺，具有 8 个核心，每个核心有两个 256 位的向量计算部件 SIMD，主频为 1GHz，浮点运算能力 128GFlops。该处理器具有两个 HyperTransport 端口和两个 DDR3 内存控制器，5.83 亿个晶体管，面积为 $299.8mm^2$，功耗为 40W，能效高达 3.2GFlops/W。下一代龙芯处理器龙芯 3C 的设计将采用 28nm 制程工艺，推出 8 核与 16 核两种产品，主频介于 1.5 ~ 2GHz，性能将达到 512GFlops。

江南计算所研制的申威系列第三代处理器 SW1600，拥有 16 个 Alpha 指令集的 RISC 处理核，浮点高达 140GFlops。已运用到神威蓝光超级计算机上，是中国公开面世的首台采用全自主研发生产处理器、达到每秒千万亿次浮点的超级计算机，于 2011 年 9 月安装于国家超算济南中心。神威蓝光由国家并行计算机工程技术研究中心制造，获得科技部"863"计划支持，系统采用 8704 个 SW1600 处理器，峰值计算能力 1.07016PFlops，持续计算速度 795.9TFlops，LINPACK 效率达到 74.37%，总功耗只有 1074kW。

根据技术趋势和工程可实现性分析，面向未来 E 次级系统的高效能计算机的处理器必须达到 10TFlops 以上的计算能力，能效至少达到 30GFlops/W 以上，且芯片具有较强可靠性，支持多种并行模型，可编程性强，并提供对国家重大应用的共性加速支撑。

面向 E 级系统的处理器面临性能、功耗、效率、可靠性和易编程性等几大挑战。功耗密度所引起的散热和运维成本问题越来越严峻，面向 E 级系统的处理器必须将功耗作为核心约束，在架构、电路和工艺等各个层面进行综合优化设计。以"访存墙"为代表的数据移动问题是制约 E 级系统运算能力发挥的最主要因素，同时 E 级计算与大数据融合的技术趋势也越来越明显，数据移动能力与计算能力的差距日益扩大，使得解决芯片数据移动问题成为处理器设计的必须。E 级系统将集成 10 万量级的处理器，每个处理器的集成度很高，出错在系统运行中成为常态，需要从基础可靠性和自愈技术两方面入手，全面提升处理器可靠运行能力。E 级系统的处理器可能达到千核级，同时可能具备异构结构、长向量、更多开放给用户的片上存储等特征，可编程性问题非常突出。

3. 高性能计算节点技术

高性能计算节点技术涉及系统可扩性、系统性能、系统规模和运算效率等多种关键要素，是高效能计算机的关键技术。神威蓝光系统每个运算超节点包含 256 个高性能申威 1600 多核处理器，通过高速无源背板实现 256 规模的全交换互连。这种超节点架构支持 4096 个处理器核心的高效并行，适应计算密集、通信密集等多种类型计算，实现了单位体积下的国际领先高密度计算能力。天河一号 / 二号的计算节点采用 Intel 至强微处理器和 NVIDIA GPU、Intel MIC 实现。计算结点通过 QPI 架构实现共享存储、在高带宽低延迟互连接口支持、高密度计算等多项创新技术。曙光 6000 的龙芯计算分区采用计算所提出的 HPP 体系结构和四核的龙芯 3A 处理器实现。每个 HPP 节点的 8 颗龙芯 3A 处理器和 1 颗 X86 处理器通过一个 HPP 控制器连接；X86 处理器运行操作系统，龙芯 3A 处理器运行应用程序，较好解决了商用处理器与国产处理器的结合。

4. 高性能互联技术

系统互联网络的性能与可扩展性是影响千万亿次高效能计算机系统性能和规模均衡可扩展的主要因素。中国互联网络系统总体技术达到国际领先水平。天河一号 / 二号基于自主设计的高阶路由器芯片和高性能网络接口芯片，实现了高性能、高密度、均衡扩展的互联网络。天河二号定制互联网络提供优于最新一代商用互联网络 IB FDR 的互联通信能力，相比 IB FDR 商用互联网络，增强的先进技术特性主要有：硬件支持聚合通信（广播、组播等）、自适应路由，便于负载均衡；支持自适应路由容错、链路级数据校验与重传等 RAS（高可靠、高可用、高可维）特性。

神威蓝光自主设计的大规模高速互联交换系统突破了一系列关键技术，取得多项创新性成果，包括高流量可扩展的复合网络结构，满足了数万个节点规模下通信密集课题和 I/O 密集课题的不同性能要求；紧耦合超节点互联技术实现了超节点内高带宽低延迟通信、系统接入、冗余节点和 I/O 资源按需配置，满足了大型超节点的高性能通信要求和系统扩展要求。

E 级系统对互联网络在高带宽、低延时、高可靠、低功耗方面提出了前所未有的挑战，根据技术趋势和工程可实现性分析，面对未来高效能 E 级计算系统的互联网络，必须能够支持数千万异构核心和面向应用层的高效能高可靠消息机制，支持高效、灵活、自治的网络管理体系，传输速率达数百 Gbps。因此，E 级系统互联网络必须在与处理器的深度融合、消息机制、网络拓扑、路由算法、高阶路由器设计、网络管理、高速光电信号传输等多种关键技术方面取得突破，才能有效缓解 E 级系统通信墙问题，高效支撑 E 级应用。

5. 输入输出子系统技术

与千万亿次计算系统配合的存储与输入输出系统实现了规模和能力上的大幅提升，容量达到 10PB 量级，并行 I/O 规模达到数百，I/O 并发访问达到 10000。

"天河一号"提出了匹配 I/O 模式的双分区电磁混合存储系统结构，支持的客户端数目扩展到数万个。

神威蓝光针对高性能高可用存储，开展了高性能并行 I/O 技术、轻量级文件系统技术、数据高可用和冗余技术、数据生命周期管理技术、云存储支持技术、高端磁盘阵列的绿色节能技术等研究。

曙光 6000 的 PB 级存储系统采用了分层存储、节点间冗余以及网络 RAID 技术，有效提高了存储系统的 I/O 性能、扩展性以及可靠性。DCFS3 并行文件系统高效支持 PB 级数据的存储和 1000 个节点以上的并发访问，最多支持 100 个元数据服务器和 1000 个以上的对象存储设备，提供高聚合 I/O 带宽和聚合元数据处理性能。

6. 大规模系统组装与冷却技术

千万亿次高效能计算机系统庞大，功耗巨大，基础构架与冷却面临巨大的技术挑战。

神威蓝光的机械结构与冷却系统针对不同对象，采用与之相适应的冷却方式，包括闭循环强制液体冷却、热管传导冷却、强制风冷冷却、冗余热备份等先进技术，保证了整机系统的高性能、高可靠、高效能。单机仓实现 1024 个处理器的组装密度，神威蓝光达到 24.38TFlops/m^3 的计算密度。神威系统的超大规模系统高密度组装模式具有独创性，水冷和热管导热复合冷却技术、高可靠水冷系统在超级计算机领域有重大创新，整体技术在超级计算机领域达到国际领先水平。

"天河一号"高效能计算机系统基础构架采用以"水平双面对插刀片机箱"为基本单元的组装结构；"天河二号"主机系统采用定制的液体水冷单元进行封闭耦合式水冷。

7. 功耗管控技术

中国功耗管控技术已经取得明显进步。神威蓝光研发了基于操作系统的细粒度资源状态自主识别技术，提供了操作系统微时间片调度的空闲资源浅休眠切换、全局资源空闲时间登记与资源消费预测控制等机制，降低了系统的运行能耗。结合作业和资源调度对未来资源的动态消费需求进行预测和调度。曙光 6000 提出基于请求跟踪技术的协同功耗性能模型，实现了集群的自适应功耗反馈控制系统。联想深腾 7000 提出了一种针对异构系统的低功耗任务调度算法，开发了系统级功耗管控软件，通过监控各节点能耗状态，控制其在不同能耗状态下的转换，为资源管理和作业调度软件提供功耗管控的支持。

目前，国际上超级计算机的系统能效比基本在数百 MFlops/W 与 2 ~ 3GFlops/W，与 E 级计算机的设计目标之间存在着数量级的差距，已有技术和工艺条件远远不能满足要求，系统低功耗设计成为 E 级计算机研制的重点。

8. 系统可靠性技术

神威蓝光采用系统级多层次容错设计思想，通过软硬件的层次化、模块化设计以及软硬协同的平衡设计，建立了高可用体系结构和软硬件容错控制机制，研制了硬件独立通路的维护专网，监测系统硬部件及各种环境的故障和异常，提升了系统的基础可靠性、检错、分类报错能力。高速互联网络提供可靠的数据传输服务和自动路径迁移功能，计算节点采用多种校验、校错手段，提升了主存容错能力，实现了故障隔离的硬件支持机制。电源、结构以及冷却方面均采用冗余设计。基于虚拟化技术实现了局部故障隔离，缩小了局部故障对系统的影响范围。检查点技术提供了应用断点保留的解决方案，完成了系统级作业回卷容错，可实现任何类型作业的系统级容错。

但是，E 级计算机将不可避免地呈现出系统架构多态复合、资源数量急剧增多、资源类型异构多样、巨量资源故障频发、可靠性急剧降低等显著特点。大规模系统管控担负着高效管控复杂系统海量资源、实现稳定可靠运行、构建高效使用环境等任务，E 级计算机的这些新特点、新趋势导致系统管控的难度空前增大，传统管控技术面临着管理效率低、可扩展性差、故障诊断困难、容错开销大等严峻挑战，直接影响着 E 级系统的可管理性与可用性，已经无法满足 E 级系统的实际需求，迫切需要在系统管控的架构、模型和技术上有所创新，采用新的容错思想和手段，才能解决 E 级系统所面临的高效可扩展稳定管控难题。

9. 系统软件技术

神威蓝光在基于虚拟化的操作系统管理技术、大规模系统资源管理技术、高效编译优化及环境软件技术等方面开展了深入研究，研制了并行操作系统"神威睿思"，提供硬件虚拟化、进程管理、空间管理、标准网络、保留恢复、性能计数、Shell 环境、用户库及常用系统命令工具等功能，支持基于国产多核处理器的计算结点的运行。神威蓝光的资源管理系统实现了大规模系统的高效、轻负载、可扩展的管理与控制，采用层次架构支持数十万进程的高效用户作业的快速、高效启动和运行控制；采用动态结合冗余通路技术的多层次并行管理技术化解控制热点和压力，满足数万节点规模的大规模系统的高效并行监控与管理需要。神威睿智编译系统 SWCC 采用模块化设计，支持多种语言和统一的中间格式，为国产申威多核处理器 SW1600 提供了完整的编译支持，针对 SW1600 指令集的特点，通过各种优化技术来充分挖掘 SW1600 的处理特性。

"天河一号"系统的操作系统面向高效能计算需求和异构融合体系结构特点设计，提供低功耗管理、安全隔离和高性能计算虚拟域等基础支撑功能，并通过通信、输入输出和资源管理等技术，把 Intel 处理器计算结点、GPU/MIC 加速结点、国产 FT 微处理器计算结点和 I/O 结点整合。

10. 编程模型

国内中科院计算技术研究所、清华大学、北京大学、复旦大学、国防科学技术大学、江南计算技术研究所等科研院所对并行程序设计语言与模型、编译以及运行时系统开展了广泛研究，一些代表性的工作有清华大学面向 GPU 的编程模型 BSGP 和面向 DSP 结构的 OpenMP 扩展 OpenMDSP、北京大学面向 GPU 异构机群系统的 PARRAY、中科院计算所扩展 UPC 的数据分布层次支持异构 GPU 系统研究和面向算法模式的指导语句扩展研究、国防科学技术大学在天河异构计算机系统上面向 GPU 的运行时优化技术。

E 级计算系统空前庞大的规模和异常复杂的结构使得现有的"编程墙"问题进一步加剧，现有的编程模型和开发环境无法很好适应未来的 E 级计算。要实现 E 级计算，编程模型中必须能够高效、简洁地同时发掘多个层次的并行。目前的编程体系中，各个层次的并行往往由不同的编程模型或接口开发，复杂多态的编程体系对应用开发造成很大困扰。此外，各种加速器的出现也加剧了结点内异构编程的复杂性。因此面向 E 级系统的编程模型应重点关注结点内的编程模型，在模型之下建立高效的基础语言设施、能够屏蔽编程复杂性的编程语言、运行时优化、自动调优机制等，提供高效、简洁的并行编程接口。

11. 程序分析优化与系统评测技术

国内的性能分析工具中，如国防科技大学的 AutoPan、清华大学的 THPTiii、中科院计算所用于曙光天朝系列机的 ParaVision、北京航空航天大学的 LSP3AS 等，主要是基于代码插入测量的方法进行设计。

随着并行程序规模的扩大，面对超大规模的性能分析数据，性能分析工具的研究在性能测量方面，重点集中在分析生成大量性能数据的原因，研究降低性能数据量的方法，并提高测量技术的准确性。在性能数据分析方面，重点集中在基于数据挖掘技术的性能分析自动化和可视化方法等，国内在这两方面的研究和国外相比稍显不足。

中国软件行业协会数学软件分会长期在国内开展 Linpack 的测试工作，并以此为基础发布了国内高性能计算机的 Top 100 排行榜。在 Graph 500 测试方面，国防科大在"天河二号"上运行的 Graph500 程序得到了全球第 6 名的成绩；清华大学在 Intel Xeon Phi 加速器上对 Graph 500 进行优化，性能比目前的 Graph 500 上的参考实现快 50%。

与现有并行系统相比，E 级系统中并行程序将拥有数量庞大的进程 / 线程，这给程序的可重现调试和性能分析带来了诸多挑战，突出表现在程序执行时将产生海量的过程和性能数据，使得数据采集、传输、存储和分析都变得更加困难，同时海量的进程 / 线程执行过程的重现和可视化分析也需要新的方法。

三、高性能计算机技术发展需求与对策

（一）发展趋势与需求

1. 易用平台的需求

易用平台的需求体现在使用的方便性、环境部署的简便性、操作的灵活性，用户可快速熟悉并试用，减少环境部署的工作量和使用难度。

需要开展针对领域问题的求解环境研究，支持服务环境或专业研究社区的建设。从目前具有的超级计算环境来看，还存在计算能力、针对领域问题的求解、模型如何集成以及更有效的针对性应用的计算环境等不足问题。

目前国家超算中心计算需求不足，资源丰富，特别是商业应用软件资源非常丰富；计算资源规模庞大，很适合解决超大规模并行计算、模拟仿真等问题。通过网格系统平台进行互联，实现各超算中心软硬件资源的共享、互补和协作。充分发挥不同超算中心的优势，实现资源共享、软件授权共享等措施，提高各超算中心的协同能力和共享能力是目前较为迫切的问题。

2. 以"用户为中心"的一站式编程环境

以"用户为中心"的一站式编程环境需要：①集成编程调试环境，即统一的身份认证和一致性的集成编程界面；②便捷的程序管理，包括程序编辑可视化、程序提交透明化、程序状态主动通知用户、高效的运行对比机制（如结果对比、性能对比等）；③丰富的函数库，包括面向机器、面向应用类型、面向用户编程能力等多方面优化的函数库；④对新型应用领域的支持（如编程框架、资源调度模式、计算模型等）；⑤用户感知的自适应性能优化，包括预优化模块建设、面向语言的优化库、性能自适应策略等；⑥采用简单易学的编程语言，比如支持并行计算能力的脚本语言（Julia）等、编写类串行代码。

3. 面向计算软件的性能分析环境

需要面向计算软件开发用户的性能分析环境。国家网格环境内融合的高性能计算机数量众多，体系结构和各方面的性能各异，需要有完备的系统评测程序让应用软件研制者去评测高性能计算机的性能，以针对性地选择合适的高性能计算机进行数值模拟，或者对应用软件进行针对性的优化调整。另外，也需要环境中配置合适的性能分析工具，辅助用户进行程序优化，以便应用能最大限度地发挥高性能计算机的计算能力。

4. 运维管理的需求

从方便用户进行超算服务了解、资源申请、技术支持和故障受理、用户意见反馈等用户服务的角度而言，需要研发超级计算的运维管理系统，以便跟踪业务流程的及时处理、配置操作的实施、故障的及时处理、用户需求的收集和服务改进。另外，教育网和科技网等不同网络环境的接入、不同用户终端类型及操作使用环境的接入，对超算中心的网络设

备和安全设备的适应性及运营团队的服务质量提出了更高的要求。

5. 高带宽、高可靠的广域网数据传输

数据的安全和快速传输显得更为重要。目前来看长途传输使用商业网络成本比较高，可以考虑增加专用网络的基础设施建设投入，或者充分利用已有 IPv6 网络（如 CERNET2、下一代互联网）等。

6. 引导区域性超级计算环境保持先进性的模式

国家科研计算需求的逐步增加，在一定程度上也为区域性的高性能计算平台较为紧张的计算资源带来了考验。随着科学计算研究的不断深入，科研计算用户不仅对区域节点的超级计算机浮点计算能力与数据处理能力提出了更高的要求，同时对精细化计算服务也提出了更严格的标准。由于西部地区省市在科研条件方面的投入与发达省份相比存在着差距，同时在科研领域投入的侧重点有所不同，因此，为保证节点计算资源的先进性，建议在"十三五"中研究"如何引导区域性超级计算环境保持先进性的模式"，在已有的相应节点引导、共同建设中小型超级计算机环境。

（二）发展对策

1. 重点支持提供公共服务的超级计算中心可持续发展

建议出台相关政策与配套措施支持提供公共服务的超级计算中心，以利于其长期可持续发展。建议将国家高性能计算服务环境纳入国家重大科技基础设施给予持续的资金支持。

单一的运行服务收入无法保障超级计算中心的日常运转，更不可能支持设备的更新。建议针对提供公共服务的超级计算中心，从国家和地方政府层面出台配套政策，以利于这些中心的可持续发展。

可建立基金奖励机制，通过专家委员会评审，用免费机时及项目资助等方式对使用超级计算资源的优质用户群及成员单位等进行奖励，不仅对大平台应用成果做到收集整理，也可吸引鼓励更多用户应用大平台资源。

2. 发布《超算环境发展指标评价体系与运行年鉴》报告

建立中国超级计算发展的指标评价体系，通过量化指标客观评估中国超级计算发展状况，为后期高性能战略规划提供重要参考。

建立定期发布"超算环境运行年鉴报告"机制，并推送至所有用户，让用户了解超算环境发展状况。报告内容涵盖环境概述、高性能计算机系统介绍及当年运行情况、重点用户介绍、数值模拟成果展示、技术支持工作总结等内容。

3. 加强超级计算相关人才队伍建设

一方面，超级计算应用发展涉及多个学科和环节，需要加强对超级计算交叉学科人才的培养；另一方面，随着中国超级计算环境的进一步发展和超级计算系统复杂性的提升，系统维护、服务支撑、技术研发等方面的人才匮乏情况日益显现，需要加大对超级计算运维与技术服务专业化人才的培养。同时，需要建立从本科、硕士到博士的系统的人才培养计划和专业课程体系，加强职业培训，吸引更多人才加入到高性能计算行业。

—— 参考文献 ——

［1］ Richard W Vuduc, Kent Czechowski. What gpu computing means for high-end systems［J］. IEEEMicro, 2011, 31（4）：74-78.

［2］ Krste Asanovic, Rastislav Bodik, James Demmel, et al. A view of the parallel computing landscape［J］. Commun. ACM, 2009, 52（10）：56-67.

［3］ Jim Gray. What next?: A dozen information-technology research goals［J］. J. ACM, 2003, 50（1）：41-57.

［4］ Horst Simon. Why we need exascale and why we won't get there by 2020［M］. Lawrence Berkeley National Laboratory, 2013.

［5］ Michael Garland, Manjunath Kudlur, Yili Zheng. Designing a unified programming model for heterogeneous machines［C］// In Proceedings of the International Conference on High Performance Computing, Networking, Storage and Analysis（SC '12）. Los Alamitos, CA, USA: IEEE Computer Society Press, 2012.

撰稿人：钱德沛　谢向辉　迟学斌　莫则尧　张云泉　袁　良

中国云重点专项研究进展

云计算是互联网时代信息基础设施的重要形态，它以新的业务模式提供高性能、低成本、宽领域的计算与数据服务，支撑各类信息化应用，是网络化信息技术发展的重要模式。

中国云作为"十二五""863"计划重大项目，将研究规划国家云计算发展的总体战略和整体部署，用新的网络应用与服务模式带动软件和硬件技术能力的提升，全面攻克云计算关键技术、核心装备，形成标准，开展试点示范，促进中国的信息产业和现代服务业转型，促进中国互联网企业能力的提升，确保国家信息基础设施和信息资源的安全。

中国云的实施将降低对外技术依存度。中国的信息产业以及经济社会信息化进程发展很快，但对外技术依存度一直很高。中国云的实施将可能使中国自主掌控重要信息基础设施，对外技术依存度降低到 20% ~ 30%，国产技术占 70% ~ 80% 以上。中国云的实施将推动行业技术升级，进入技术前列。国际上，信息技术及应用正处在以云计算为主要特征的又一次升级换代期，我们需要抓住机遇，充分利用中国网民规模大、应用需求潜力大的优势，从跟踪和兼容垄断技术向自主发展前瞻技术转变，在云计算核心软件和硬件以及云服务应用方面取得核心关键技术突破，进入世界信息技术前列。

中国云的实施将促进国民经济与产业结构调整。云计算正在逐步发展成为一种社会公共资源模式，为企业和个人提供越来越广泛的信息服务，从而为中国现代信息服务业带来巨大发展机遇。通过规模化、集约化的服务，云计算能降低企业信息化成本，降低对传统信息技术厂商及服务商的依赖，加速企业尤其是中小企业的信息化进程。以搜索引擎为例，随着互联网进入大数据时代，飞速增长的数据规模使得数据获取、存储、处理、检索等任务迅速成为了热点。传统的数据处理平台很难再满足大数据的需求，为了解决大数据给搜索引擎带来的各种问题，以公众汉语服务为主的搜索引擎建设了自主云计算平台，解决了海量信息存储及处理、高效能资源协调、复杂系统稳定性等大数据时代搜索引擎面临的具体问题。

云计算相关技术是一类重要的战略高技术，缺乏关键技术将对国家安全及相关产业安全产生直接的威胁。同时，云计算所带来的新型服务模式也将改变传统信息安全保障的格局。突破云计算安全关键技术，是云资源和云服务安全可控、云计算产业健康发展的必要基础，中国云的实施将增强国家信息安全保障体系。

中国云重点专项的实施是提高中国国家竞争力的重要举措。中国云重点专项拟在"863"计划中以重大项目的方式分三期实施，下文重点介绍一期项目的进展，包括"以支撑电子商务为主的网络操作系统""以支撑公众与企业服务为主的网络操作系统""以支撑搜索服务为主的网络操作系统研制""以公众汉语服务为主的搜索引擎研制""以科技文献服务为主的搜索引擎研制"和"互联网语言翻译系统研制"等项目的进展。

一、中国云总体技术研究的进展与趋势

信息技术领域被发达国家特别是美国所垄断的现状非常明显，发展中国家在技术上没有主导权，其战略选择非常有限，同时国家信息安全和主流思想文化也将受到相应的挑战。云计算的发展必将导致全球信息在收集、传输、储存、处理等各个环节上进一步集中，同时也会影响到国家重大基础产业的转型与发展，其核心技术必然关系到国家安全和产业发展，是国家必争的战略高技术及相关产业发展的基础支撑技术。

为满足广大民众日益增长的信息需求以及战略新兴产业的发展需要，打破国外技术垄断并维护国家信息安全，结合国家战略发展的相关政策，需要建立具有自主知识产权及相关核心技术体系、面向大众且覆盖全国范围的"中国云"。面向大众提供普惠于民的信息服务，为其他相关产业（如金融、农业、教育、医疗等）提供高效、安全的运营支持与保障。以中文搜索引擎为例，集中体现了检索模型、索引、排序、相关反馈、分类以及自然语言处理等多项技术，是信息检索各项技术展现的一个很好的平台，国际大公司和国内主要搜索引擎公司在市场上的争夺已经白热化。国际公司主要是谷歌、微软必应和雅虎，国内主要是百度、360、搜狗及腾讯搜搜等。无论从搜索引擎来讲，还是从信息检索技术派生的产品方面及相关技术的学术水平来说，目前中国在信息检索技术上处于国际先进水平。在互联网搜索方面，百度是全球最大的中文搜索引擎（全球第二大搜索引擎）。

中国云作为新一代信息技术的重要形态，其技术研发和系统部署需要适应中国互联网用户规模和市场特征所带来的技术挑战，通过产学研用紧密结合，加强自主创新，形成有自主知识产权的技术体系，制定有效的政策保障体系，形成良性发展、积极创新的产业生态环境，建设安全可控、高效节能的新型国家信息基础设施，提供可信易用、持续稳定、面向民生的信息服务，培育和引领新一代信息产业的发展。

（一）云计算发展面临的挑战

结合云计算目前国内外的发展现状以及国内各相关产业的战略格局，中国云发展所面临的挑战主要包括：

（1）传统 IT 领域的市场和服务增长滞缓，同时新兴的信息化领域增长迅速，比如移动信息化服务、空间信息技术等服务。但是由于目前国外在相关技术上处于垄断地位，使得国内对国外的技术较为依赖，造成中国信息产业转型发展中具有自主知识产权的科技研发供给不足，没有形成良好的产业发展生态环境。

（2）目前云计算缺乏统一的标准，各家云计算厂商和服务商都在各自为战，不同的云之间缺乏互操作性，用户从一个云计算环境迁移到另一个环境要付出很大的代价。对运营商来说如何实现业务能力的开放、建立统一开放的标准接口存在诸多困难。

（3）现有基础设施与新兴信息产业（如云计算）的需求不匹配。现有计算系统结构由于高成本、大功耗、低效能等问题，无法满足面向海量规模网页的、高扩展、超大规模、快速透明响应、廉价、易用等要求。例如，互联网的网页更新和新网页产生的速度非常快，搜索引擎每天大约有 20 亿的页面需要被收集和存储，还需要对网页数据进行加工并存储加工之后的数据。数据被获取并存储后，搜索引擎需要能够对数据进行快速的查找、删除、处理计算等操作。另外，中国目前的宽带网络还存在普及率较低、接入速率不高、运营商间网络互联质量差、各地区网络发展水平不均衡等诸多问题，这也在很大程度上制约了目前云计算在中国的发展。

（4）各行业、部门和企业的信息服务计算系统还在采用烟囱式的建设方式，缺少国家整体战略布局，其计算资源和能力的分布过于分散，难以有效满足新兴信息服务模式高速发展所带来的巨大计算和存储需求。而目前市场上的 IT 产品大多面向传统产品类型，在产品形态、设计理念等方面无法满足构建云平台的需要，将现有的应用程序或产品移植到云环境下仍然面临着许多困难。

（5）信息服务产业面临前所未有的垄断威胁。云计算的集中计算和存储的服务模式容易导致云服务提供商形成新的行业资源垄断；另外，谷歌、雅虎、微软、IBM 和亚马逊等国外企业在云计算的核心技术、计算和存储资源方面布局早、发展快，已经形成技术垄断的趋势，将对中国用户的信息隐私和国家安全形势造成一定威胁。

（6）互联网及移动互联网技术飞速发展，大量新型移动终端、软件产品和应用服务日益增多，用户数量急速增加，然而现有网络环境中的用户信息保障体系，即身份认证机制不完善，无法确保相关用户信息的真实性、正确性与安全性，进而无法保证网络环境的可靠性，将制约相关行业的发展。与此同时，随着云计算技术的不断成熟，将来会有更大规模、更大范围的应用部署在云计算平台之上，这将使得由于缺乏有效的用户信息保障体系所带来的问题更加激化，从而使得个人隐私、信息安全甚至国家安全面临着更大的风险。

（二）中国云总体技术研究进展

中国云总体技术研究主要面向中国云技术研究和示范应用的总体需求，负责解决中国云的总体架构、技术体系、关键技术、实施方法、建模评估、保障体系、市场推广等顶层问题，主要内容包括总体技术研究、实施方案研究、评测方法研究和保障体系研究四个方面。

（1）总体技术研究主要研究规划未来五年网络环境下计算服务的新方法、新技术及应用的新模式，包括建立中国云总体架构，低成本、低功耗、高效能的云计算技术体系，编制关键技术和发展的路线图等，探索中国云的可持续发展机制。成果输出包含中国云的总体架构、技术体系、关键技术以及发展路线图。

（2）实施方案研究在总体研究的基础上解决关键技术的实施、资源需求、系统组成及部署方案，包括中国云关键技术实施方案，中国云服务资源需求、系统组成及部署方案，中国云示范应用方案以及中国云安全服务保障方案等 4 个方面的实施方案。

（3）评测方法研究通过模拟评测和示范应用两种手段验证总体研究和实施方案的正确性，研究建立中国云原型实验环境，用于对中国云技术体系、关键技术、部署方案以及重点产品的验证，同时在中国云原型实验环境中展开中国云建模和模拟技术研究，建立中国评测指标、评测模型、评测方法等，为中国云关键技术的研究提供公共实验环境。

（4）保障体系研究将研究如何建立保障体系。中国云依赖于应用的提供、用户的使用以及由此形成的良性商业生态系统，涉及平台开发方、平台运营方、应用开发方以及用户等多个实体，将从云计算与服务的标准规范、政策法规及产业联盟推动等方面，探索和建立中国云的支撑保障体系。

中国云总体技术研究和规划了国家云计算发展的总体战略和整体部署，形成了一系列的标准和规范，并开展了试点示范，最终形成了中国云总体架构、技术体系、关键技术以及发展路线图；形成了中国云关键技术实施方案、中国云安全服务保障方案；制订了中国云服务资源需求、系统组成及部署方案，中国云的示范应用方案，中国云技术标准体系和技术规范以及配套的政策法规，形成了中国云建模和模拟技术报告；推动建立了中国云产业技术创新联盟；研究并建立了中国云计算与国际主要国家、组织相关项目合作的机制。

中国云项目的任务具体可分解为中国云总体技术研究、网络操作系统研制、搜索引擎研制和互联网语言翻译系统研制四个方面，依据现有条件设立七个研究课题。课题具体设置如下：

（1）中国云总体技术研究。该方向设置一个课题，课题主要任务是研究规划未来互联网络环境下计算服务的新方法、新技术及应用的新模式，形成中国云的总体技术和建设方案，具体包括：中国云的总体架构、技术体系、关键技术、发展路线图及可持续发展机制；中国云关键技术研究部署方案；中国云的建模模拟、原型实验和标准规范；中国云的服务资源需求、云资源组成、建设与部署方案；面向国计民生的中国云示范应用方案；中国云的服务保障和安全保障方案；探索中国云与欧美等国相关研究计划的合作，汲取先进理念和技术，同时扩大中国云的国际影响力。

（2）网络操作系统研制。该方向设置三个课题，分别研制以支撑电子商务为主、支撑公众与企业服务为主和支撑中文搜索为主的网络操作系统软件，定向委托三支队伍分别针对不同的应用特点，发挥不同企业的市场优势，承担课题研究任务。课题目标是：研制具有创新概念、支持云环境高效运行的网络操作系统，支持多租户服务、多种硬件平台，支持的单个数据中心管理计算机数量 3000 ~ 5000 及以上，总体可用性达到 99.99%，支持百万量级计算任务和十万量级租户，有效应用于电子商务、公众服务、企业应用的云环境。具体研究内容包括：网络操作系统新型体系结构；大规模分布式数据计算与管理技术；按需服务的资源聚集和调度；虚拟资源管理技术及弹性计算系统；安全保证技术；大规模分布式系统及软件的运维支撑技术；安全可靠、低能耗、轻量级的客户端云环境。

（3）搜索引擎软件研制。该方向设置两个课题，分别以公众汉语服务为主和以科技文献服务为主研发支撑中国云的搜索引擎软件，定向委托两支队伍分别针对不同的应用特点，发挥不同企业的市场优势，承担课题研究任务。课题目标是研制与 Google 技术水平相当的搜索引擎，支持多样性数据与信息的高效准确搜索，提升公众汉语服务和科技文献服务能力。同时，实现对新兴网络应用服务的创新支撑。具体研究内容包括：搜索引擎的新型体系结构；基于用户体验的多层次查询技术；大规模网络信息的预处理技术；大规模网络信息的搜集和共享技术；有害信息识别与过滤技术。

（4）互联网语言翻译系统研制。该方向设置一个课题，主要任务是研发面向大众的新型互联网语言翻译系统，将定向委托一支队伍承担课题研究任务。课题目标是研制以汉语为核心的多语言在线翻译服务，支持移动平台的个性化翻译，日均访问量达到百万量级。具体研究内容包括：基于互联网的海量翻译资源的获取和分析技术；多语言互联网翻译关键技术；面向海量语言资源的语言翻译分布并行处理技术；互联网环境下智能翻译系统的算法；规模化运行的互联网语言翻译服务。

（三）云计算国内外研究进展

从 2009 年开始，虚拟机部署数量开始超过物理机，云计算成为 IT 领域的热点。通过 2010—2014 年的探索和实践，支撑云计算的传统技术不断迭代式发展，新技术不断涌现。目前，云计算作为面向大数据等新一代信息技术的核心，已经成为 ICT 技术和服务领域的常态。

从发展规律来看，不同的计算架构衍生出了不同的网络计算系统，大致可以分为两类。一类体现了计算集中化的发展思路，例如服务器就从集群、网格发展到了今天的云计算；另一类则体现了计算泛在化的理念，如局域网上的客户/服务器发展到互联网上的浏览器/服务器。1972 年提出的贝尔定律指出，计算设备每十年左右产生新的一代，设备数量增长十倍。从最开始的大型机、服务器、PC，到互联网终端、移动互联网终端和可穿戴设备，基本印证了这一规律。由此可见，计算机新增式发展和网络升级式发展促进了网络计算集中化和泛在化发展。

从技术途径来看，目前云计算基础设施朝"软件定义"方向发展，将原来"一体式"硬件设施转变成为所谓的按需管理的"软件定义的系统"，其核心是硬件资源虚拟化和管理功能可编程，其本质是通过虚拟化及其 API"暴露"硬件的可操控成分，实现硬件的按需管理。所谓硬件资源虚拟化，是将硬件资源抽象为虚拟资源，然后由系统软件对虚拟资源进行管理和调度；管理功能可编程，则是应用对通用计算系统的核心需求，主要表现在访问资源所提供的服务以及改变资源的配置和行为两个方面。在硬件资源虚拟化的基础上，用户可编写应用程序，通过系统调用接口访问资源所提供的服务，更重要的是能够灵活管理和调度资源，改变资源的行为，以满足应用对资源的多样需求。所有的硬件资源在功能上都应该是可以编程的，这样软件系统才可以对其实施管控，一方面发挥硬件资源的最佳性能，另一方面满足不同应用程序对硬件的不同需求。从程序设计的角度，管理功能可编程意味着计算系统的行为可以通过软件进行定义，成为所谓的"软件定义的系统"。

目前云计算产业是数千亿美元的产业。全球云计算基础设施市场呈现一大（亚马逊）三小（微软、谷歌、IBM）格局。2013 年 Q2 全球 IaaS/PaaS 营收 22.5 亿美元，年增长率 47%，其中 IaaS 占 64%。Amazon 以 28% 份额和 52% 的增长率处于领先。但微软、Google 和 IBM 增长更快。公共云服务市场 2012 年为 1072 亿美元，2013 年达到 1310 亿美元，2012—2016 年年度复合增长率为 17.7%。全球云服务市场仍很不均衡，市场主要集中在欧美日等发达国家和地区，其中美国占 60%。

国内云计算市场规模较小，发展快，盈利模式仍未完善。根据工信部电信研究院发布的《2014 年云计算白皮书》显示，目前中国公共云服务市场仍处于低总量、高增长的产业初期阶段。中国公共云服务市场规模较小，2012 年国内公共云服务市场规模绝对值（仅包括公共 IaaS/PaaS/SaaS 服务）约 35 亿元人民币（其中 IaaS 5.11 亿元，PaaS 1.84 亿元，SaaS 28.07 亿元）；2013 年中国公共云服务市场规模约为 47.6 亿元，增速较 2012 年有所放缓，但仍达到 36%，远高于全球平均水平。以互联网企业为主的公共云服务企业群体形成，但盈利模式仍未完善。

（四）云计算的发展趋势及展望

目前，云计算面临两个核心技术挑战：

（1）为用户提供按需服务。以下服务的模式使资源的供给做到了"只求使用、不求拥有"。软件服务将软件功能这种资源以服务的方式通过网络来交付，是互联网环境下软件最主要的交付形态，是云计算的主流应用模式和基础使能技术之一，也是云计算技术的主旨。云计算 IaaS、PaaS、SaaS 本质上都是将软件栈的部分或整体作为服务。如何提供高可用、高可信的按需服务是核心挑战之一。

（2）对资源进行灵活管理。云计算面对互联网上数量庞大的服务受众群体，迫切要求用软件来高效、灵活地管理计算、网络、存储等硬件资源，通过提供基于庞大共性资源的个性化定制能力。以 VMM 为代表的虚拟化软件方便了服务器等计算资源的隔离与共享，是云管理的主要技术实现形式，因而，虚拟化成为云计算的又一基础使能技术。VMM 通过软件来描述和操作服务器硬件的成功应用以及网络、存储需要灵活管控的迫切要求，促使软件定义的网络、存储等概念成为实现云管理的热点技术途径。云计算的广泛应用需要一些专用设备也能被灵活管控，实际上"软件定义"的概念最早就针对专用设备的管理而兴起。综上，如何构建软件定义的灵活管理的高效能虚拟资源池是核心挑战之二。

针对以上挑战，云计算应着重开展以下研发工作：

（1）迫切需要应对新需求布局云系统的研发。新型云服务模式、大数据等新应用、移动互联网和物联网等新平台对云系统提出了新的挑战，迫切需要抓紧布局，服务新的国家和社会需求应用中的重大问题对技术的拉动。

（2）迫切需要加紧建立完整、自主、安全的云计算技术体系。云计算核心技术取得重大进展，面临技术积累较少、缺乏具有国际竞争能力的云计算产品，示范应用规模较小，成功商业模式仍处于探索阶段，需要建立自主可控的云计算技术体系等问题。

（3）迫切需要提升云计算创新能力建设。建立与欧洲的国际合作、以中国核心贡献为主的开源社区。

二、以支撑电子商务为主的网络操作系统

以支撑电子商务为主的网络操作系统在海量数据存储、弹性虚拟计算、高可用运维三大类关键技术上开展研究，重点突破网络化操作系统的体系结构、大规模分布式数据共享与管理、资源调度及弹性计算、安全保障与运维支撑、软件及数据的按需服务及轻量级可定制的客户端云环境等核心技术，支撑实时在线服务和离线数据处理两类服务模式，研制一套以支撑电子商务为主的、支持多种新型网络服务、多租户的网络操作系统。以支撑电子商务为主的网络操作系统的研制与产业化对项目总体在网络操作系统核心技术、云计算服务和云业务发展模式等方面将起到很好的技术指导与示范作用。

课题设计了以支撑电子商务为主的网络操作系统体系架构，该体系结构包括内核和开放服务两大组成部分。内核为上层的开放服务提供存储、计算和调度等方面的底层支持，对应于协调服务、远程过程调用、安全管理、资源管理、分布式文件系统、任务调度、集群部署和集群监控模块。开放服务为用户应用程序提供了存储和计算两方面的接口和服务，包括弹性计算服务（Elastic Computing Service，ECS）、开放存储服务（Open Storage Service，OSS）、开放结构化数据服务（Open Table Service，OTS）、关系型数据库服务（Relational Database Service，RDS）和开放数据处理服务（Open Data Processing Service，ODPS），并基于弹性计算服务提供云服务引擎（Aliyun Cloud Engine，ACE），作为第三方应用开发和 Web 应用运行和托管的平台。

以支撑电子商务为主的网络操作系统构建了"云计算科研实验环境"和"支撑电子商

务为主的云服务环境"两个试验床，坚持关键技术边研边用、阶段释放、实践检验、滚动发展，为核心技术自主创新提供可持续驱动力。在团队组织与开放协作方面，通过共同技术规范实现研究团队凝聚，通过开放数据存储、计算平台促进与国内软件企业、开源组织和研究机构的资源共享和合作推进课题发展，立足国内，面向国际，积极吸纳其他社团参与，积极构建开放、统一、可扩展的电子商务云平台。

（一）网络操作系统新型体系结构

深入分析新型电子商务、软件以及数据服务运营等对网络操作系统的需求，借鉴传统操作系统研究网络操作系统的新型体系结构。

从分析新型电子商务应用的规模、服务质量需求、成本/效益等问题出发，针对电子商务应用对数据存储的海量性、虚拟计算的弹性以及运维保障可用性的需求，提供支持在线和离线多种类型的新型网络服务，建立如图1所示的网络操作系统技术体系，分别研究各软件模块之间的接口关系和交互协议等。

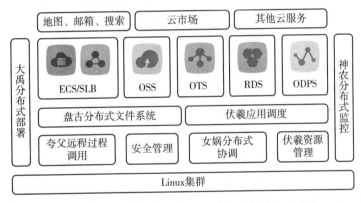

图1　以支撑电子商务为主的网络操作系统体系结构

针对需求多样性和用户规模化带来的挑战，研究基于网络的批量自动安装部署技术，对数据中心内所需的全部软件提供安装部署支持；针对系统中的多级存储/缓存结构问题，借鉴传统并行计算系统中的多级结构进行研究；分析不同级别各存储/缓存单元之间的关系，在服务质量需求和成本控制等约束下，针对不同的问题规模，提出支持多点备份、延迟有界的多级存储/缓存结构；并针对不同存储设备的特性，研究异构多层次的存储池技术，以充分发挥各类设备的潜力；分别对巨型文件和微型文件研究时空优化技术，以提高存储效率。

基于面向电子商务的网络操作系统体系结构，为电子商务的不同在线业务形成多个大规模集群，提供多租户应用的网络操作系统编程模型和访问接口，并支持一系列的基础服务，包括名字服务、支持最终一致性的状态同步服务、分布式锁服务、分布式共识服务等大规模分布协同服务，具备高速寻址和高可用、高可靠通信信道的跨节点进程间通信服务，等等。通过研究服务和客户端一体化的网络操作系统架构，建立电子商务软件与服务集市的支撑体系。

以数据安全和隐私保护关键技术为基础，建立安全服务登记评测标准和可控的安全监管体系，从信息安全技术、标准、监管等各方面开展网络操作系统安全体系结构的研究。采用基于硬件抽象层的虚拟化技术，确保用户数据和服务有效隔离，防范数据窥探和服务干扰等问题，并使得底层基础设施所提供的服务能够被更为安全有效地共享使用。平衡安全与效率因素，适应资源规模弹性扩展的需要，根据网络结构动态变化以及子网状态变化，自适应部署并配置安全系统，实现对安全状况的有效监控。

（二）大规模分布式数据存储、管理与智能分析

针对支撑电子商务为主的网络操作系统的数据存储与管理需求，重点研究动态海量数据的分布式存储与管理技术、高效的分布式智能数据分析技术，具体进展包括：

在分布式文件系统方面，设计大规模的流式读写和小规模的随机读写并存的机制，同时对小规模的随机读写操作进行排序和批量处理，以实现海量数据的高效读写；用最小的同步开销实现快速的并行存取操作；用基于统计日志分析的技术来进行故障预测和诊断，并利用快速恢复和副本机制来保证海量数据的有效存储。

在大规模数据管理方面，设计基于 Key-Value 存储的高效数据模式，根据数据的访问规律在集群中进行分片、整理和摆放，依据系统的运行状况尝试并总结出分片的大小、副本拷贝的数目和速度、在网络拓扑结构下不同节点间数据摆放的策略；制订元数据发布标准，为结构化数据与非结构化数据的整合集成奠定基础；根据数据类型和数据特征研发基于规则和基于统计方法的元数据抽取器，实现文本数据、多媒体数据的元数据自动抽取；针对分布式文件系统、分布式锁服务的一致性问题，研究基于 Paxos 协议的分布式一致更新算法，并实现检查点和日志机制，形成数据的高可靠与高可用管理。

在高效的分布式智能数据分析方面，首先针对数据的关联关系在分布式数据存储系统之上构造数据关系视图，并针对数据抽取、数据分解、数据分类、数据聚类等算法建立一套高效、海量挖掘算法包，最后通过数据分析算法的并行化模型以及数据调度的优化，实现分布式数据的并行计算。

（三）资源调度系统与技术

针对电子商务等多类型互联网应用特征，在资源需求统一表示、统一管理、高效的资源状态管理与自适应调度分配等方面展开研究，具体进展包括：

在不同类型的应用资源需求统一描述和表达方面，参考 DMTF 等国际标准组织的开放框架，有针对性地制订面向互联网应用的分布式资源管理与描述标准。解决应用类型、负载特征与资源需求的动态映射问题，采用基于机器学习及人工干预相结合的方法，得到不同应用对资源需求的描述，根据历史信息挖掘和预测资源需求的变化。

在多机协同的分布式调度策略方面，将资源调度问题转化成为带限定条件的优化问

题，借鉴传统的物流调度算法和基于群体智能的启发式算法，达到应用服务响应时间、系统整体吞吐能力和能耗优化等目标。研究跨多数据中心的资源协同机制，实现虚拟资源聚合与按需共享，根据地理分布负载特征进行高效负载管理与均衡。

在自适应调度方面，针对资源加入退出等动态特征，结合层叠网技术在分布式动态资源上建立可靠、稳定的资源协作环境，对于可能的资源突发需求，建立基于分布式缓冲的负载分担机制。研究高效自动的故障检测与恢复机制和保障系统，针对底层软硬件环境的常态化故障模型，提供面向应用的资源供给容错能力。

（四）虚拟资源管理及弹性计算系统与技术

针对网络操作系统资源虚拟化的管理需求，结合虚拟化技术与网络资源管理技术，以虚拟机和虚拟网络为核心研究对象。具体进展包括：

在虚拟机底层资源的自适应分配方面，研究基于宿主机资源（CPU、内存、网络带宽、磁盘配额等）超额分配（over-commitment）以及按需共享的分配调度机制，通过感知上层应用执行状态，建立反馈控制机制，根据应用负载情况实时调整虚拟资源的分配。

在虚拟机管理技术方面，利用分布式文件系统为虚拟机提供可靠存储，并解决集中式存储的单点失效等问题。研究并实现本地缓存机制，以提升虚拟机的磁盘读写性能。实现虚拟机故障恢复机制和磁盘快照功能。

在基于虚拟网络的资源动态管理方面，结合层叠网技术在分布式动态资源上建立可靠、稳定的资源协作环境，为多虚拟机环境提供稳定的资源组织模型和组织算法；研究多虚拟网络与底层物理网络间的映射关系，优化虚拟网络链路的性能；研究基于激励机制的多节点动态分配技术，实现跨域的虚拟网络动态自组织与拓扑结构动态维护；研究虚拟机I/O优化技术；通过虚拟机、宿主机、物理路由器的动态组合，提供高效、可靠、灵活、易管理的虚拟网络解决方案。

在虚拟机在线迁移技术方面，采用移动代理IP技术，实现跨网络的虚拟机通信；采用分布式文件系统的网络磁盘共享机制，实现虚拟机磁盘镜像的共享；基于读写预测优化虚拟机状态同步效率，提高在线迁移效率；采用系统资源动态监控的策略驱动与人工可视化管理相结合的方法，设计有效的迁移策略，兼顾数据中心的负载和迁移的开销，并避免迁移造成的系统抖动；研究基于历史资源利用率的预测机制，优化迁移的准确率和效率。

（五）网络化软件的持续运营系统与技术

针对网络化软件持续运营需求，基于应用与展现虚拟化相结合的模式，研制网络化软件的持续运营系统。

在网络软件的运营与发布方面，采用展现与计算相分离的技术，将较大规模的网络应用运行在网络端的外部资源节点上，而将人机交互界面显示在用户可使用的终端接入设备。研究基于终端服务的应用展现虚拟化和基于本地资源的应用执行虚拟化集成技术，提供服务化软件的在线搜索、推送、订阅、分发及在线更新能力，实现应用的按需分发、透明访问和集中运营。

在远程虚拟执行方面，针对云计算应用程序和服务的网络化执行需求，研究应用封装与分割技术，实现软件的按需流式传输以及边加载边执行的运行机制。实现基于虚拟化技术的应用执行容器，研制操作系统相关的应用隔离执行平台；采用分块预取和文件粒度的应用流预取机制以及分布式应用共享技术，优化应用流加载执行；基于分布式文件系统，实现用户数据的隔离存储以及与网络化应用的动态结合。

在应用程序开发和托管平台方面，提供一套简单易用的应用构建、测试、部署、计费和监控的通用软件开发套件，通过动态持久性可扩展存储空间，提供海量数据库托管服务。采用能够支持主流语言的应用服务器，基于沙箱提供安全的开发及运行环境，采用轻量级进程虚拟化及容错技术，实现大规模并发 Web 应用承载服务持续运行。

（六）大规模系统的安全保障与运维支撑技术

针对大规模分布式系统的运维支撑需求，研制大规模分布式系统的运维支撑子系统，突破网络操作系统的安全保障、大规模监控和服务高可用等关键技术。

分析针对虚拟机管理器（VMM）的攻击技术，研究和开发 VMM 自身安全保障与抗攻击的方法。在 VMM 中研发客户虚拟机（VM）的监控模块，研究控制系统管理员权能的方法。利用密码技术保障虚拟机镜像等数据的安全。综合应用上述方法，完善阿里云操作系统中的虚拟化安全机制。

在权能控制的基础上，进一步研究适合云计算环境的多层次策略管理模型，研究不同层次策略的冲突检测、一致性分析技术，使得传统访问控制策略可适应大规模的云计算环境。利用密码技术保障用户数据的私密性，通过合理密钥管理技术提高系统性能和使用的便利性。

分析并制订高效的日志记录点与记录内容。结合访问控制子系统，为阿里云操作系统设计防抵赖等各类行为审计方法，同时利用数据安全保障功能，实现审计数据的机密性和完整性保障。

在网络操作系统的高可用保障方面，采用分而治之的策略，简化系统模块之间的依赖关系，使得系统的整体可用性由各子系统的可用性进行保障。在此基础上，对关键模块进行高可用增强设计，通过分布式协同来实现状态的一致性和服务的高可用。

三、以支撑公众与企业服务为主的网络操作系统

"十二五""863"计划中国云专项设立了网络操作系统课题，研制了自主可控的腾云网络操作系统 TOS，在社交网络类应用方面的技术达到国际领先水平，在系统利用率等指标方面超过了世界第一的社交网络公司 Facebook。研究工作突破了网络操作系统的核心技

术，数量级提升了企业自主创新能力，尤其是在海量数据存储与管理方面，中国企业已经掌握了核心技术。TOS 在社交网络等领域支撑了 250 多个业务应用服务（如腾讯 QQ、微信、QQ 空间、QQ 邮箱等）。这些应用服务为数亿用户创造了可观价值，并促使腾讯成为中国第一个互联网服务领域的万亿元市值公司。除了提升腾讯自身能力外，TOS 开放平台支持了 200+ 万开发者，应用 55 万多，其中生活资讯与学习教育等非游戏类应用开发者占 75%，非游戏类应用比例达 93%，TOS 开放平台承载的应用日活跃用户数总和超过 1 亿，直接创造了 100 亿元产值。TOS 的成功研制和应用，使得中国在面向十亿级用户的社交网络类应用领域拥有了高科技基础软件平台，为"十三五"的可持续发展奠定了坚实基础。

社交网络是互联网服务领域最有影响的应用之一，全球已有数十亿注册用户，对国民经济和社会发展起着重要作用。全球最大的社交网络公司 Facebook 已有 12 亿注册用户（包括 9500 万中国用户，尽管 Facebook 在中国被禁）。2014 年初，Facebook 公司的市场价值超过了 1800 亿美元（1 万亿元人民币）。研制面向社交网络的网络操作系统，对提升中国的高科技能力、促进经济社会发展，都具有重大意义。

以支撑公众与企业服务为主的网络操作系统采取应用驱动的模式，深入分析了公众和企业云计算的服务需求，在现有技术基础上考虑前瞻性，并适应计算机硬软件技术的发展，以单一系统的理念给出了面向公众和企业服务为主的 TOS 网络操作系统的定义、设计原则、体系结构以及具体系统。

单一系统的理念是指将整个云计算中心看作一台计算机，而 TOS 网络操作系统是运行在这台计算机上的操作系统，对下管理所有包括服务器和网络在内的实体或虚拟的计算和存储资源，对上提供弹性的抽象计算和存储资源，并为云应用的运行和服务提供基础性的支撑环境，包括运行环境、资源调度和隔离、监控、编程和调试、审计和安全等。

（一）TOS 网络操作系统定义

TOS 网络操作系统运行在云计算数据中心众多的计算、存储和网络节点之上，是一种典型的分布式系统。它统一驱动、管理和调度数据中心的所有实体或虚拟的设备资源，并通过分布式计算或存储环境为上层云服务的运行、管理、监控和审计等任务提供支撑。TOS 网络操作系统没有采用分散式管理和层叠式中间件的设计理念，而是突出系统性和单一性，将系统设计成对众多资源进行统一管理和调度、提供统一操作界面和编程接口的网络操作系统。TOS 网络操作系统在实际数据中心运营环境中的具体位置如图 2 所示。最底层的是数据中心网络、服务器和存储等硬件基础设施，在此之上是 TOS 网络操作系统，在这里进行资源的管理、分配、调度，任务的编程、执行、监控，计费与安全审计等，并通过更上一层 Qzone、广点通、SOSO、桌面云等云服务与应用来为最终用户提供服务。

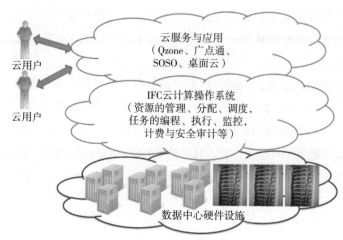

图 2　TOS 网络操作系统概念示意图

（二）TOS 网络操作系统设计原则

1. 采用应用驱动模式研制网络操作系统

系统的设计和实现紧密围绕面向公众和面向企业的云计算应用。通过分析这些应用的特点以及其对底层网络操作系统平台的技术需求，明确目标系统应具备的功能和性能指标，以此为出发点，完成网络操作系统的设计和实现。遵循这一技术路线，在项目分析阶段，即在面向公众和企业的云计算应用中选取了三个有代表性的典型应用，包括面向社区的海量图片处理、面向移动的生活服务平台、面向企业的虚拟数据中心服务。一方面，以这三个典型应用驱动整个系统的研制，另一方面，这些应用也作为项目的示范应用，运行在所研制的网络操作系统之上。在分析面向公众和企业服务的云计算应用特点时，注意结合中国特色，这突出体现在中国庞大的用户规模、用户行为特征及偏好等方面。例如，2010 年初腾讯公司的 QQ 应用已达到注册用户 5 亿、同时在线用户 1 亿的用户规模，这一以华人为主的庞大用户群体具有一些不同于其他国家用户的行为特征及偏好，因此需要面向这一庞大用户群体实现海量图片处理和移动生活服务，需要网络操作系统提供足够弹性的计算和存储能力，以支持海量用户数和访问量条件下的数据存储与处理规模。

2. 立足实用性、考虑前瞻性，实现技术创新

TOS 网络操作系统满足实用性要求，包括功能完备、稳定运行、安全高效、通用性好、便于安装和使用等。在保证实用性的基础上，还考虑前瞻性，实现技术创新，以保证所研制系统在技术上的先进性。例如，目前多核处理器的发展正处于变革期，同时也将带动操作系统的变化，网络操作系统的设计中就需要充分考虑这一问题，以应对处理器及操作系统的可能变化。

3. 以一体化为目标的网络操作系统设计

现有的一些云计算系统结构中，节点操作系统、虚拟机、用户操作系统、云计算软件

等多种软件层叠在一起，结构复杂，影响到整个系统的性能和稳定性，且安装管理复杂。作为网络操作系统，应避免这种分散式、层叠式的结构，以单一操作系统的理念设计整个系统。TOS 网络操作系统对各种资源进行统一管理和调度，并提供统一的操作界面和编程接口，提高整个系统的易用性和可管理性。

（三）TOS 网络操作系统体系结构

支撑公众和企业服务的网络操作系统 TOS 运行在数据中心的众多服务器上，自下向上由节点层、核心层和接口层组成一个层栈式系统结构，如图 3 所示。

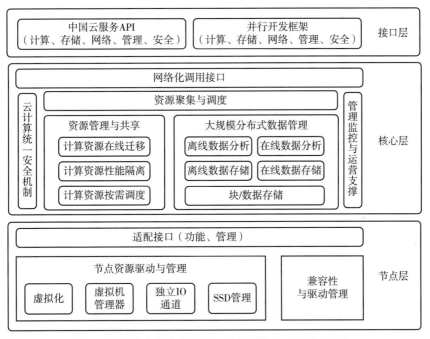

图 3　面向公众和企业服务的网络操作系统层栈式结构

节点层由运行在众多计算节点、存储和网络设备上的节点基础系统组成，支持两类节点基础系统——节点资源驱动与管理系统和节点资源兼容性驱动与管理系统。节点资源驱动与管理系统是专门针对云计算特点进行增强和优化的特定资源管理与调度系统，主要的增强和优化包括与内核一体化的虚拟化支撑、安全增强机制以及启动与节能优化等。节点资源兼容性驱动与管理系统是为了保证通用性，基于已有系统如 Linux 等构建的节点基础系统。节点层通过统一的适配接口向核心层提供各种功能和管理接口，该适配接口使上层软件可以独立于节点硬件及节点资源驱动与管理系统，以适应未来多核 / 众核处理器与体系结构发展带来的诸多变化。

核心层在节点层基础上实现对众多虚拟化计算、存储和网络资源的统一管理和调度。在计算资源方面，底层的节点可根据需要配置或不配置虚拟机，为统一起见，核心层将其抽象为网络化虚拟计算资源，并实现网络化虚拟计算资源的按需调度、性能隔离和在线迁移。在存储资源方面，基于节点层提供的块存储接口，实现大规模分布式数据/文件的存储管理机制，并在此基础上实现结构化（如 BigTable）和非结构化（如 Key-Value 对）的数据存储管理。核心层对上层提供类似于传统操作系统的系统调用（System Call）接口，上层应用程序及并行计算框架通过该接口实现计算、存储和网络资源的按需分配，并完成相应的计算和数据访问处理等任务。核心层还包括统一的安全控制机制和系统管理维护等功能。接口层在核心层系统调用接口基础上，向应用程序提供更加易用和灵活的编程和调用接口。该层的作用包括两方面：首先，通过对核心层系统调用接口的重新组织和封装，向应用程序提供多种编程语言的编程接口和服务接口；其次，实现 MapReduce、BOT（Bag-of-Tasks）等较为通用的并行计算框架，为上层应用程序进行大规模分布式计算和数据处理提供支持。此外，系统还将提供图形界面与命令行相结合的操作界面/系统外壳（Shell）、支持云应用程序开发和测试的编辑/编译/调试/测试工具链、系统测试与监控工具等多种支撑软件。

在接口层之上，则是图中未画出的应用层，提供云计算服务的网络应用及服务程序。TOS 在通用性的基础上，重点考虑面向公众和企业服务的云计算应用，典型应用包括面向社区的海量图片处理、面向移动的生活服务平台以及面向企业的虚拟数据中心服务等。

四、以支撑搜索服务为主的网络操作系统研制

研究了数据存储共享、资源管理调度、网络持续运营、大规模运维支撑等关键技术，研制完成实现了一套以支撑搜索服务为主的网络操作系统，能实现大规模分布式数据共享与管理、高效资源调度、虚拟资源管理以及大规模分布式系统运维的功能。

以支撑搜索服务为主的网络操作系统，能够实现百 PB 级别海量数据的存储和管理、支持百万量级的分布式计算任务以及计算、存储和网络资源的按需分配机制等，同时实现面向开发者的快速应用程序开发框架，支撑超大规模流量的互联网搜索服务，具有一定的实用价值，在构建超大规模云数据中心基础机构上具有一定的应用前景。主要研究内容如下：

（1）支持新型异构多核并行计算系统。在云计算数据中心的集群系统中，单个集群节点可能由一个多处理器系统构成。因此，对于 MapReduce 计算模型，可以通过分布式并行计算技术将 MapReduce 作业调度到多个集群节点上并发执行；而在某个集群节点内部，对每个作业执行进程利用多线程技术实现共享内存式并行执行；以两级并行来充分发挥多计算节点和多核处理器的并行潜能。

另外，由于 GPU 超强的计算能力和存储带宽，由 CPU 和 GPU 组成的"主核心+协处理器"式新型异构多核并行计算架构开始流行。针对由 CPU 和 GPU 组成的新型异构多核并行计算系统，CPU 和 GPU 之间进行分工合作，即由 CPU 作为主核心负责逻辑性强

的事务处理，而 GPU 作为协处理器负责计算密集型任务，共同来提高 MapReduce 的整体性能。

（2）基于管道和流水线的运行时性能优化。在 MapReduce 作业执行过程中，当某个 Map 任务执行完成后，其执行结果会在本地存储上生成输出文件；之后在 Reduce 阶段开始执行前，执行 Reduce 任务的节点去读取 Map 输出结果到本地，然后才开始执行。然而，这种通过文件来存储中间结果进行数据交换的方式将带来大量的读写开销和传输延迟。因此，针对该问题，可以借助管道技术在 Map 计算节点和 Reduce 计算节点之间架起一座桥梁，以减少中间结果数据传输延迟，缩短作业的总执行时间。

完整的 MapReduce 作业执行过程大致经历以下几个阶段：split、map、combine、partition（shuffle）、reduce、merge。传统的作业执行方式类似批处理模式，只有在结束前一个作业后才能启动后面的作业。然而，对某些具有流处理特性的应用来说，这种方式并不能充分发挥计算资源的效率。借助流水线技术，改进 MapReduce 模型，使得前一个作业的输出作为下一个作业的输入。在某一个时刻，多个作业以流水线的方式在同时运行，可以极大地提高系统的吞吐率。

因此，在单个作业内部采用管道技术以加快中间数据的交换过程；在多个作业之间以流水线方式调度执行，以提高作业执行效率。

（3）一种新型网络应用虚拟化技术。研发一种新型网络应用虚拟化技术，将桌面应用程序的相关技术与网络应用程序的相关技术相结合，在提供与本地应用程序一致用户体验的同时，又能享受云计算在安全性、稳定性、可扩展性等各方面带来的好处。该种虚拟化技术的特点包括：①具有前瞻性的可扩展性。现在，应用程序可能并不需要扩展，但是在将来未必不用。如果它不采用网络应用虚拟化技术，而是一个简单的桌面应用程序，那么在功能扩展后用户势必需要重新下载并部署应用程序。采用基于网络的应用虚拟化技术，可以确保任何一个可能需要扩展的应用程序都能轻松实现扩展而不会遭到破坏。这种具备可扩展性的应用程序基础架构大大节省了开发者和用户的时间。②提高性能。它可以卸载网络应用程序计算密集型功能模块，在用户端和服务端之间合理分配负载，优化连接管理，还可以适应加速策略，可以让网络应用程序的使用更加令人愉悦。网络应用程序采用基于网络的应用虚拟化架构，为了改善性能，必须采用用户方和服务方两方面的技术，调整双方的策略，以优化来自用户的访问。同时，随着移动互联网设备的增加，比如 iPad、黑莓和智能手机等，来自移动互联网的访问量将会大大增加，这有可能导致服务端的性能出现问题。采用新型的网络应用虚拟化技术，可针对不同的移动互联网设备及浏览器，将用户端模块进行优化，减少服务端的计算量，提高系统的稳定性。③实现复杂的客户端。随着软件发展的多元化，客户端要适应它就得随之改变，使得客户端总是要处于不停的变化之中。为了实现客户端不受其影响，就得架构合理化，客户端什么都没有，可以直接使用，这样就解决了"根"的问题。所有的这一切都得归功于应用虚拟化技术的出现。

（4）大规模机群系统统一资源监控管理平台。未来的云计算数据中心，服务器、存储和网络设备的数量将达到十万甚至百万级别，运行的虚拟系统和进程以千万计，如何对如此庞大规模的硬件设备和软件系统进行实时监控，特别是要实时地将这些数据传递到统一的监控管理平台进行存储、分析和处理，将对资源监控技术、传输技术和处理技术提出巨大的挑战；资源监控管理平台不仅是监控信息的会聚点，也是整个数据中心的控制中枢，保证监控管理平台自身的高可用和数据的完整性，对于维护整个数据中心的安全运行是至关重要的。

未来数据中心设备和软件数量庞大，所有故障都要靠人来处理是非常困难的，管理成本很高，也很难保证故障能够被及时排除。在软件和硬件故障中，有相当大的数量不是实质性的硬件损伤，不需要对硬件进行更换。这些故障都可以通过自动的故障检测和恢复机制进行修复。构建面向大规模机群的故障管理系统，需要对故障诊断、故障分析、故障恢复的技术和手段进行研究。

（一）大规模分布式数据共享与管理技术研发

在大规模分布式数据共享与管理技术研发方面，围绕高性能存储引擎和基于高性能存储引擎的超大规模系统设计展开，分别研究大规模分布式数据共享与管理技术、面向多元数据服务器的存储架构设计与优化方法、面向海量小文件的分布式存储系统、基于 Hadoop 架构的数据平衡技术、基于 Key-Value 的数据存储技术和分布式存储系统可用性等关键技术，应用于超大规模存储系统架构设计中，如图 4 所示。

针对高性能存储引擎和基于高性能存储引擎的超大规模存储系统设计等问题进行了深入研究，主要的技术成果包括：高性能存储引擎与存储系统设计；大规模分布式数据共享与管理技术研究；面向多元数据服务器的存储架构设计与优化方法；面向海量小文件的分布式存储系统研究；异构 Hadoop 集群环境中性能驱动的数据平衡方法研究；基于运行时数据块移动的 HDFS 平衡策略；对 KV 数据存储系统 Redis 的一种改进方案；Key-Value 存储系统优化；分布式存储系统可用性。

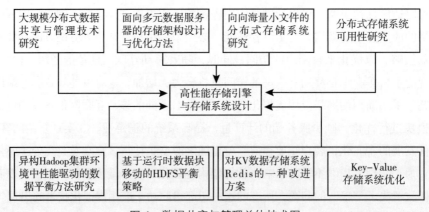

图 4　数据共享与管理总体技术图

（二）资源调度系统与技术研发

在资源调度系统与技术研发方面，针对数据密集型并行计算系统设计与实现和面向异构计算资源的作业调度研究等方面进行了深入的研究，取得了一系列的成果。围绕数据密集型并行计算系统设计和实现展开，研究分布式计算引擎技术、计算资源作业调度技术和云计算安全等，其中计算资源作业调度技术包括 MapReduce 作业输入负载均衡策略、MapReduce 环境中基于虚拟分区的负载平衡策略、基于历史信息比例因子动态调整的作业完成时间预测算法、基于预调度的任务分配算法、基于异构集群感知的 Hadoop 作业调度方法、基于键值对重分区的 Reduce 阶段输入数据平衡策略、空闲节点评估调度算法和资源管理方法等技术研究，如图 5 所示。在数据密集型并行计算系统设计与实现方面，主要技术成果包括：数据密集型计算系统设计；分布式计算引擎技术研究；MapReduce 作业输入负载均衡策略研究；MapReduce 环境中基于虚拟分区的负载平衡策略研究；基于历史信息比例因子动态调整的作业完成时间预测算法研究；空闲节点评估调度算法研究；基于异构集群感知的 Hadoop 作业调度方法；基于预调度的任务分配算法；基于键值对重分区的 Reduce 阶段输入数据平衡策略。

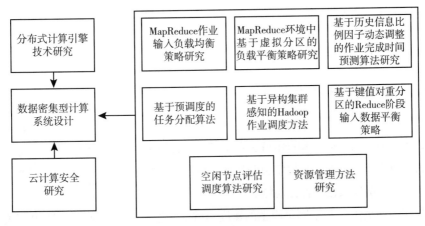

图 5　资源调度系统图

（三）网络软件的持续运营系统与技术研发

在网络软件的持续运营系统与技术研发方面，围绕应用远程虚拟运营与应用开放平台设计展开，重点研究云计算资源的计量研究和分布式系统健康监控技术，涉及应用虚拟化技术研究、资源统计、计费系统及应用安全研究、网络化应用的远程虚拟执行及运行支撑技术研究以及支持搜索应用的开放平台研究等方面，将相关技术应用于应用远程虚拟运营与应用开放平台设计中。主要技术成果包括：应用远程虚拟运营与应用开放平台设计；云计算资源的计量研究；分布式系统健康监控。

（四）大规模分布式系统的运营支撑技术研发

在大规模分布式系统的运营支撑技术研发方面，围绕超大规模数据中心多层次网络互联设计和机器与机群管理系统设计展开，重点研究大规模机群系统监控管理技术、大规模机群系统软件远程部署技术、低功耗高密度服务器和机柜设计技术、操作系统演化及新型操作系统以及对多核系统的操作系统噪声等关键技术，同时将技术研究服务于系统设计中。主要技术成果包括：超大规模数据中心多层次网络互联设计；机器与机群管理系统设计；大规模机群系统监控管理技术；大规模机群系统软件远程部署技术；低功耗高密度服务器和机柜设计技术；对多核系统的操作系统噪声研究；操作系统演化。

五、以公众汉语服务为主的搜索引擎研制

随着互联网进入大数据时代，搜索引擎迎来了新一轮的挑战。飞速增长的数据规模，使得数据获取、存储、处理、检索等任务迅速成为热点。传统的数据处理平台很难再满足大数据的需求，搜索引擎亟待依托于一个新的多功能平台来运转，于是云计算平台应运而生。为了解决大数据给搜索引擎带来的各种问题，以公众汉语服务为主的搜索引擎建设了自己的云计算平台，并在丰富的搜索引擎研究经验的基础之上，对云计算平台进行了广泛的创新和改进，解决了海量信息存储及处理、高效能资源协调、复杂系统稳定性等大数据时代搜索引擎面临的具体问题。

（一）大规模信息搜集与存储

大数据环境下，搜索引擎需要处理多种类型的海量数据，包括网页数据、网页搜索各模块的日志数据、用户搜索和点击行为数据等。各种数据都时刻不断产生新数据，如何获取和存储迅速增长的数据，是搜索引擎计算平台要解决的最主要问题。云计算平台提供了各种存储技术来保证数据的存储功能。

互联网的网页更新和新网页产生的速度非常快，搜索引擎每天大约有 20 亿的页面需要被收集和存储，还需要对网页数据进行加工并存储加工之后的数据。数据被获取并存储后，搜索引擎需要能够对数据进行快速的查找、删除、处理计算等操作，为满足不同的需求，还需要将数据进行不同方式的存储。云计算平台将网页中不同的数据以 QDB（Quick Data Base）和文件的方式存储成两个库，以提供给搜索引擎的各个模块来使用。

（二）大规模网页存储及分析

大规模网页存储及分析以云计算平台为基础，研究针对海量网页的链接分析、网页质量评估方法、快速索引、知识挖掘及表示等核心技术。使得搜索引擎可以支持的数据量获得显著提升，提高搜索引擎的查全率。并通过面向互联网的知识表示、挖掘、索引、检

索、推理等方面的技术研究，使得对于互联网数据的处理上升到语义阶段，为精准化的搜索提供基础。

基于云计算模型的分布式计算存储体系的底层主要采用 Hadoop 集群来进行分布式存储和备份。Hadoop 提供了分布式文件系统（HDFS）用来在各个计算节点上存储数据，并提供了对数据读写的高吞吐率支持，能够把应用程序分割成许多小的工作单元，每个单元可以在任何集群节点上执行或重复执行。同时扩展性和容错性较好，利于进行大数据量的存储。Hadoop 同时提供了开发接口，支持用高级语言或脚本语言编写的 Task 进行工作，可以用来进行各种统计分析工作。

但是目前 Hadoop 仍存在大量可改进的问题，影响大数据量的存储工作。比如其采用的冗余策略会消耗大量磁盘，可以采用压缩校验的机制，使用更少的存储空间来保证数据的可靠性；大量磁盘的经常损坏会使服务经常性停止，运维工作相当繁重，需要自动识别并忽略损坏存储的功能支持；此外，Hadoop 仅能支持数千个节点左右的机群，而按照目前的数据增长速度和硬件的发展速度来看，其扩展能力将在未来几年内成为瓶颈，因此有必要未雨绸缪，提前进行优化设计，以保证未来数据业务的持续进行。在计算方面，由于海量数据的计算周期往往远超过单机任务，可能长达数天甚至数月之久，有必要对计算任务增加开发工具方面的支持，以帮助平台开发者及早发现计算任务的计算瓶颈，从而有利用于节省计算资源。

对于云数据的快速访问，考虑基于 Hbase 技术来进行设计。HBase 是一个分布式的、面向列的开源数据库，为 Key-Value 格式，具有可线性扩展、高可靠性、强一致性的特点，容错性强。鉴于 HBase 的特性，HBase 的应用场景会比 Hadoop 更加广泛，因此对 HBase 读写性能优化是一项重点工作。为了满足不同类型数据的应用需求，有必要对 HBase 的内存管理策略进行改进，通过优化内存分配算法减低内存的占用，将有助于 HBase 支撑更大容量的数据。

同时，考虑到实时的数据处理需要，需搭建一个额外实时计算系统，以满足进行实时分析的需求。该系统通过流式 ETL 模块将原始数据从数据源导入 Hadoop 系统，并且由专门的机制为数据建立索引。当处理用户查询需求时，通过采用 Hadoop 的分布式计算框架并发读取索引，加速数据处理，从而快速完成数据计算。

最后，分布式系统属于公用资源，通常情况下会有大量计算任务同时运行在集群上，为了保证各项业务可以有序进行，必须在平台范围内引入一个全局调度系统，该系统基于资源和任务优先级对集群资源进行控制，可以有效避免资源浪费。对于为众多不同用户提供服务的系统，分布式系统需要支撑完整的认证及鉴权机制。对于一个开放的平台，应该提供灵活的鉴权接口，使实际的系统运营者能如插件一样选择自己喜欢的系统来为分布式系统提供认证鉴权服务。

（三）搜索云构建及资源管理技术

该部分研究如何从互联网上发现提供搜索服务的各类通用搜索引擎、垂直搜索引擎、深度万维网，对这些搜索服务进行筛选、分类、概要；整合这些搜索服务来构建搜索云。利用中文自然语言处理等技术来理解用户的查询意图，在此基础上选择出与查询意图密切相关的搜索服务，并将用户查询转化为相应搜索服务的查询语言。资源调度的目的是根据用户的查询意图，按需分配搜索资源给用户，在满足用户需求的同时，节省搜索资源。

（四）基于用户体验的多层次查询技术

该部分在云平台及海量数据处理能力的基础之上，充分挖掘海量互联网数据和用户行为数据中的有益信息，并通过自然语言处理、机器学习排序、用户行为分析、主题模型应用、查询深入分析、用户意图多样性分析、个性化特征融合等关键技术的研发和突破，在多个层面上提升搜索引擎用户体验。

（五）客户端云环境

客户端云环境将搜狗浏览器作为平台载体，接收用户查询词、发送搜索请求、收集搜索结果、展现融合后的搜索结果、收集客户端网络环境质量、反馈搜索结果质量，配合搜索云实现搜索服务。在技术实现方面，在用户使用搜狗浏览器通过搜狗搜索引擎查询时，客户端通过浏览器插件调用浏览器底层库函数，抓取相关搜索引擎的搜索结果，通过解析页面，提取特征值后与搜狗通用结果进行融合并展现给用户。

（六）多模态数据处理及检索

在基于内容的图像、音频分析和索引的基础上，研究以图片、音频等多模态数据为查询输入的搜索技术，实现多模态的搜索引擎，满足用户多样化的查询需求。多模态搜索引擎是指具备多模态搜索功能的音乐、图片等多媒体搜索系统，其特点是既可以处理文本查询，也可以处理音频文件、图片文件等多媒体数据查询。

（七）多方位效果评测

性能评价是搜索引擎性能改进乃至保证其顺利运营的至关重要的环节。这是由于当前的搜索技术仍然无法满足日益增长的用户信息需求和高效方便获取信息资源的要求。因此，搜索引擎仍需要不断地进行算法改进和系统优化。同时，搜索引擎每天的用户访问量都十分惊人，系统的任何细节问题都会影响最终的用户搜索体验，需要对系统性能进行实时监控和评估，及时发现和纠正系统故障。总之，无论是搜索引擎的算法改进和系统优化，还是日常的运营维护，都需要对搜索引擎各方面的性能进行评价。

当前搜索引擎性能评价很大程度上仍然沿用了传统信息检索系统性能评价的思路，包括传统的 Cranfield 评价框架与方法。Cranfield 方法指出，信息检索系统的评价应由如下几个环节组成：首先，确定查询样例集合，抽取最能表示用户信息需求的一部分查询样例构建一个规模恰当的集合；其次，针对查询样例集合，在检索系统需要检索的语料库中寻找对应的答案，即进行标准答案集合的标注；最后，将查询样例集合和语料库输入检索系统，系统反馈检索结果，再利用检索评价指标对检索结果和标准答案的接近程度进行评价，给出最终的用数值表示的评价结果。

六、以科技文献服务为主的搜索引擎研制

以研究科技文献服务为主的搜索引擎希望在概念、逻辑、物理三个层面实现云计算应用的海量科技文献搜索的几个关键技术得到突破，主要研究放在海量科技文献信息资源整合与信息组织、海量科技文献检索、海量知识挖掘分析、基于用户体验的多层次查询、自然语言与多模态查询、网格信息资源共享与深度科技信息服务、客户行为统计分析与个性化服务、科技创新辅助决策分析、客户行为统计分析与个性化服务等。采用了在互联网信息搜索领域和大数据分析的主流技术 MapReduce 和 Hadoop 为代表的非关系数据分析技术，将中国情报检索服务系统代表性的北京万方数据股份有限公司的非结构化数据资源服务系统 RMS（万方资源服务系统）提升为 RMSCloud 系统，实现了研发技术的国际前沿性。

在海量科技文献信息资源整合与信息组织、海量科技文献检索、海量知识挖掘分析、科技创新辅助决策分析、客户行为统计分析与个性化服务、云计算应用等关键技术方面取得了突破性成果。基于云计算架构的科技文献搜索引擎成果，能有效支持大并发量、大用户量检索访问，为政府、企业、科研院所、科技信息服务部门、科技人员等提供科技文献搜索服务和科技创新辅助决策支持服务。系统实现与国际主流科技文献搜索引擎能力相当的搜索引擎；可供查询数据包括社会科学、自然科学、工业技术的绝大多数中英文文献；支持多样性信息的高效、准确、全面搜索挖掘以及对新兴网络应用服务的创新支撑。

（一）学术搜索引擎研制中的核心技术

数据获取技术是构架在传统数据库管理系统之上的专门负责数据检索的搜索系统。万方软件推出的非结构化资源服务系统 RService 除了提供标准本地 COM+ 服务外，还提供了跨平台的 Web Service 服务，通过任何开发平台都可以方便地获取格式化数据。

搜索引擎的主要功能是全文检索，全文检索的核心是分词，英文分词技术比较简单，中文分词较为复杂，是中文信息检索的核心。不同的搜索引擎在分词技术上有所不同，分词技术的效果直接影响搜索引擎的"查全/查准率"。万方 RMS 系统的分词字典采用通用基础词、作者三字主题词构成（把近 20 年的 5000 多万期刊文献作者自标主题词进行了提取）、作者姓名、地名等去重后的复合词典。分词匹配以逆向扫描为主，姓名、地名类采用正向扫描，同时采用了自主研发的快速匹配算法，大大提高了 RMS 系统的分词速度和

切分准确率。

检索表达式处理是搜索引擎面向用户的核心功能，如何正确理解用户需求并快速获取正确检索结果是搜索引擎的本质。词表扩展也称为"词表后控检索"，是专业文献检索所必需的，现有的文献服务系统都不支持这一功能，主要由搜索引擎的检索性能瓶颈引起，RMSCloud 是基于云服务架构的 RMS 系统的升级版本，能够支持这一功能。

（二）RMS 集群式服务系统架构

RMS 是由北京万方数据股份有限公司经过多年实践开发完成的一套完全自主知识产权的非结构化数据资源服务系统，是中国最早的情报检索服务系统，它经历了单机版、网络版、Web 服务等不同版本和架构的发展历程，在中国的图书情报系统、政府、军队以及安全部门都有广泛应用。目前，中国大部分省市科技信息服务机构的文献共享服务平台或创新服务平台都是基于该资源服务系统而建设的。

（三）"云服务"服务系统总体架构

科技文献服务还包括基于互联网信息产业动态、研究报告、政策法规、专家互动、竞争情报、成果转化与服务等一系列产业信息服务。它具有如下"云服务"特点：

（1）交叉性：虽然产业服务是某个省市根据自己区域业务需求提出的，但在全国范围内和部分区域仍然存在一定的交叉性。鉴于这种情况，万方软件提出的区域性云服务架构思想主要是为了避免不同省市间产业信息的重复建设。比如，山东省计划建设汽车产业服务平台，吉林省等其他省市也需要这样的产业服务，我们建议以山东为主，其他省市参与共建共享。区域性云服务中心的管理架构和万方元数据云服务中心一样，只是内容的归属有所区别，也可体现多个信息服务机构的共建共享宗旨。

（2）云服务调度中心：是本架构中"云服务"特征最为突出的部分，所有基于"云服务"的管理、调度模式都在这里得到体现。它主要包括整个云的安全防护与认证、用户管理、服务机构管理、云数据服务中心配置、管理与调度、服务缓存、服务负载均衡等功能。无论公有云、私有云，还是区域性云服务，都通过本调度中心进行管理与调度。

（3）省市科技文献共享服务平台：是各省科技信息服务机构根据自身业务特点提出的面向本省市的科技信息服务平台，具有明显区域特征和个性化服务模式。目前大部分信息服务平台在公共性文献信息服务方面基本上都是利用万方元数据云服务中心所提供的数据和相关服务，自己拥有的特色数据存放在自己的私有云服务系统中。平台采用万方软件提供的科技创新文献共享支撑平台，该平台可直接调用万方云服务平台提供的所有服务，同时可以调用私有云的所有服务。

（四）科技论文引证分析评价体系建设

万方数据—南京大学"创新力评估"联合实验室推出的"2012 中国高校科技创新力

排行榜"评价对象为截至 2011 年年底中国教育部等批准建设的"211 工程"重点建设的高等学校，共计 115 所。

自 2000 年起，先后从事各类文献计量、学术评价方面的研究，相继推出或承担了中国社会科学引文索引（CSSCI）、中国人文社会科学学术影响力报告等项目和成果。"2012 中国高校科技创新评价体系"坚持科学性、公正性、可操作性、导向性、公开性等原则，为保证公正、客观和系统地评价不同类型和层次学校，体现出被评价高校的最新的创新能力，充分考虑了各类影响因素，结合中国有关高校的实际情况严格筛选出能突出反映高校创新力的指标集，确保最终遴选出的评价指标体系具有全面性、可比性、操作性强、可重复验证性和可持续性等特征。

（五）中外文元数据采集与加工

主要涉及外文元数据的加工和互联网补充数据的采集与加工两部分。数据要按照课题组制订的相关标准进行加工。为了提高互联网数据的采集效率和质量，在广泛研究现在主流互联网采集软件或爬虫软件基础上，结合科技文献元数据主要特点，利用万方数据多年的技术积累，开发完成一个互联网专题采集软件、文档信息采集工具和关系型数据库转换工具，该产品成功用于项目的数据采集与管理。

（六）RMSCloud 涉及的相关核心技术研究

据统计，目前采集到的数据 85％以上是非结构化和半结构化数据，而传统的关系数据库技术无法胜任这些数据的处理，因为关系数据库系统的出发点是追求高度的数据一致性和容错性。根据 CAP 理论，在分布式系统中，一致性、可用性、分区容错性三者不可兼得，因而并行关系数据库必然无法获得较强的扩展性和良好的系统可用性。系统的高扩展性是大数据分析最重要的需求，必须寻找高扩展性的数据分析技术。MapReduce 和 Hadoop 在应用性能等方面还存在不少问题，还需要研究开发更有效、更实用的大数据分析和管理技术。搜索引擎所涉及的关键技术是针对集中式搜索引擎的，所谓集中式搜索引擎是指搜索引擎为某一数据库系统建立的搜索引擎，是在一台计算机上完成的、多个集中式搜索引擎可以构成分布式集群服务系统。随着搜索引擎所处理数据库数据量的快速增长，以中国学术搜索网数据为例，2010 年包含的科技文献数据量不到 1 亿条记录数据，使用的搜索引擎为 RMS 系统，单机检索速度为秒级响应，RMS 系统是业内公认的国产优秀情报检索系统；到 2012 年年初学术搜索网的数据量已经超过 2 亿条记录，RMS 存在的检索瓶颈暴露，加之用户量的剧增，全国有近 20 个省市科技信息研究所的文献共享保障平台直接通过万方提供的"云服务"平台访问 RMS 管理的元数据中心，中国学术搜索网的检索速度变得越来越慢，不能较好地满足用户快速访问的需求。中国学术搜索网不仅仅是一个传统概念上的搜索网，它内骆了大量数据挖掘、分析、发现和数据关联的功能，其计算量是爆炸式的。RMSCloud 搜索引擎解决了中国学术搜索网面临的种种技术瓶颈，同时满足全国科技信息服务机构的同等需求，实现了全国范围内的软件、数据资源、硬件资源及网络资源的共享服务要求。

（七）RMSCloud 系统研究方法

RMSCloud 首先是把 RMS 构建成一个集群服务。以中国学术搜索网的期刊数据库为例，目前中国学术搜索网的期刊数据包含中文期刊 5600 万、英文期刊 9800 万。首先将该数据库分割成 1000 万一个数据库，每个数据库分布到一台服务器上。1000 万只是一个策略配铭，Map/Reduce 服务在建立索引数据库时会自动完成任务分发，告知各独立搜索引擎的数据获取对象及其策略，各搜索引擎将按照指令执行自己的索引数据库；当用户提交一个检索请求时，Map/Reduce 服务器将把检索请求分配给对应的搜索引擎，各搜索引擎分别进行检索处理，最后将检索结果返回 Map/Reduce 服务器，该服务器负责对各子检索结果的合并。Map/Reduce 服务器和各服务器之间的通讯协议及其带宽对系统的 Reduce 效率影响较大，目前集群内服务连接一般采用 TCP/IP 协议，广域网协议采用 Web Service（HTTP协议），以满足"云计算"架构下的分布式搜索服务需求。对于用户检索、需求扩展处理、排序输出等技术大部分在 Map/Reduce 服务器中完成。

七、互联网语言翻译系统研制

互联网语言翻译系统以大规模翻译资源挖掘为基础，以云计算方法与架构为支撑，立足现有统计翻译模型，融合规则和实例方法的优势，研究外汉、汉外高质量机器翻译核心技术，提供大规模实用化的多语在线翻译服务。

（一）基于互联网的海量翻译资源获取和分析

随着互联网中多语言网页日益丰富，如何从中自动获取大规模、多语言的翻译资源受到重视。目前限定主题的爬行器本身并不能识别翻译资源，而现有双语资源爬行器或者依靠 URL 库进行定向抓取或根据 URL 启发式信息判断双语资源。面向海量规模网页的语言资源分析工具包括多语言网页识别和解析、海量语言资源加工工具（如词法分析、新词识别、双语对齐）等，现有技术仍无法满足海量数据、开放域文本的挑战，存在着广阔的方法创新和语言工程技术创新的空间。目前已取得的主要成果有：

（1）面向 Web 的大规模、多语言的网页爬行器：实现一个健壮的、具有动态可配置性的分布式网页爬行器，可对整个 Web 的多语言网页进行全网抓取，通过有效的更新检测机制支持双语资源的动态增量式抓取。

（2）复杂 Web 资源的语料获取技术：研究多语言多类型网页高效解析技术，高质量地获取其中的语言资源，实现多种文件格式（pdf、word 等）的正确解析，并对各种网上的多媒体资源中的平行语料资源以及以暗网（deep Web）形式存在的平行语料资源进行定向挖掘，获取大规模的平行 / 可比较语料。

（3）面向互联网的汉语词法自动分析技术：针对互联网文本的大规模、多样化、弱规范性、强时效性等特点，重点研究并实现面向和基于互联网的高性能中文分词和词性标注系统。结合海量语料、搜索日志和 Wiki 等新型 Web 资源，研究大规模新词发现和缩略语识别技术。

（4）双语多层次自动对齐技术：研究以互联网文本为基本处理对象的篇章、句子、词、短语几个不同层次上的有效对齐技术，系统性地协调这些技术构成完整的方法体系，并探索大规模双语词语关联与整合方法。

（二）多语言机器翻译技术

自 20 世纪 90 年代，统计机器翻译迅速发展，成为学术界和产业界的主流。2002 年，Franz Och 提出了基于短语的翻译模型，简化了统计机器翻译的训练和解码算法，成为目前商用机器翻译系统首选的翻译技术。他在 2003 年提出的判别式训练方法成为统计机器翻译目前的标准框架。目前，如何在海量数据上构建实用化翻译模型，解决统计翻译模型的领域适应、语种适应及命名实体等特定翻译现象，是实用化进程中面临的挑战。已取得的主要成果有：

（1）基于海量语料的高质量机器翻译模型与算法：在海量可用语料情形下，研究引入丰富的上下文信息和多层次分析知识构建翻译模型（包括基于丰富上下文信息的模型、融合多粒度语言知识的模型、融合多知识源的模型），探索面向大规模数据的翻译模型分布式、增量式训练、模型压缩和分布式存储、快速解码方法等。

（2）基于聚类的翻译模型领域自适应技术：以现有单语语料聚类为基础，研究双语语料的领域自动聚类方法，构建领域翻译模型，进而解决待翻译语料的领域识别问题，选择恰当的领域翻译模型解决领域适应性问题。

（3）基于枢轴语言的机器翻译技术：针对互联网双语资源丰富但不同语种分布不均的情况，研究基于枢轴语言的翻译方法，探索复杂形态语言的分析和翻译建模、资源缺乏语言间的快速知识获取和翻译技术，解决汉语与多种外语以及中国少数民族语言之间的机器翻译快速移植和部署问题。

（4）面向互联网应用的命名实体翻译技术和多策略翻译技术：针对互联网翻译数据领域命名实体丰富、语言表达不规范的特点，研究语种独立的、适用于多种类型的命名实体翻译方法；同时探索综合利用多策略机器翻译结果，满足用户翻译需求。

（5）基于用户行为翻译模型优化：翻译技术的提高可以和用户行为结合。首先是可以利用用户反馈信息对翻译模型性能进行优化，使模型的优化可以直接满足用户的需求（而不仅仅是现有自动评价指标）。此外还包括个性化的机器翻译服务，通过分析用户的翻译行为，针对性地提供翻译服务，提高用户体验。

（6）翻译技术与搜索技术的结合方法：探索将机器翻译技术和搜索技术有机结合，同时提高用户的搜索体验和翻译体验，包括在搜索引擎中直接识别用户的翻译需求，提高用户体验；翻译技术用于跨语言的检索、跨语言问答、跨语言的商品评论信息的搜索和展现等多种形式，使搜索做到真正无国界。

（三）互联网环境下翻译计算方法

随着云计算技术的出现，以超大规模的数据、计算量和存储量为特点的统计翻译技术研究成为可能。目前，Google 公司以海量的互联网语料来训练统计翻译模型，在基于海量语料的模型训练、压缩和自适应等方面研究较深入。国外的许多大学如 CMU、约翰霍普金斯等通过与工业界合作也在基于云计算的互联网翻译的新技术上进行了一些探索。基于超级海量语料的统计翻译技术正在催生全新翻译计算方法以及计算基础架构的变革，并呈现出三大趋势：硬件设备的高速发展和网络带宽的成倍增加是研究基于云计算的智能翻译技术的硬件条件；翻译系统的解码技术向云端延伸是网络翻译服务发展和群体智慧利用的必然需要；海量的单语语料的存在也使得语言模型的自适应调节成为可能。

因此，如何在海量的模型空间上进行搜索，如何根据大量用户的使用经验总结（群体智慧）对翻译模型进行自学习以及如何根据用户的个体特定场合使用习惯来定制翻译技术等问题，成为互联网翻译中至关重要的问题。取得的主要成果有：

（1）翻译模型的在线自适应技术：是指根据当前翻译的目标语言的内容或者预先设定的领域，在海量单语数据上进行筛选，使用相关语料重新快速地构建一个新语言模型。

（2）分布式云空间解码技术：是指在构建基于统计语法规则的翻译搜索技术时，需要扩展尽量多的统计语法规则，该技术可在云网络上并行搜索，实现计算能力和解码空间的双重扩展。

（3）群体智慧自学习技术：是翻译系统在群体智慧输入情况下的一种自我更新技术，在收集到群体输入知识之后，进行海量数据自动短语对齐、短语抽取、命名实体发掘以及翻译模型的在线自适应等工作，提升系统的在线性能。该研究将基于集成各个协作单位的研究成果而建立的 Pilot 翻译系统上开展。

（四）海量数据的分布并行处理技术

随着平行语料日趋丰富，其处理算法也日趋复杂，这就需要强大的存储和计算能力。Google 在机器翻译领域的领先地位也得益于其大规模的语料数据和强大的分布式计算能力。取得的主要成果有：

（1）支持海量资源语言翻译的专用云计算体系结构研究：针对互联网超大规模资源语言翻译应用需求，可根据云环境资源动态扩展的需求，引入虚拟机技术；可根据云环境动态变化及负载均衡需求，引入翻译云管理调度技术；可根据海量语料数据特征，引入语料数据的分布组织存储和高效并行处理技术。

（2）支持海量资源语言翻译的专用云平台关键技术研究：根据海量语言翻译任务运行

在云计算平台上所涉及的计算、存储、调度等方面的性能问题，研究语料数据的分布存储及并行处理优化技术，翻译专用云的资源管理调度、负载均衡及优化技术和翻译专用云的虚拟机在线迁移、部署技术。

（3）支持海量资源语言翻译的云计算分布并行处理实验平台：面向海量资源语言翻译应用特征，基于开源云计算平台，集成支持海量资源语言翻译的分布存储和并行处理关键技术，构建翻译云实验平台。

八、结束语

云计算驱动的新型计算模型为系统软件研究提供了新的机遇与挑战。中国云重点专项的总体目标是：到"十二五"末期，在云计算的重大设备、核心软件、支撑平台等方面突破一批关键技术，形成自主可控的云计算系统解决方案、技术体系和标准规范，在若干重点区域、行业中开展典型应用示范，实现云计算产品与服务的产业化，积极推动服务模式创新，培养创新型科技人才，构建技术创新体系，引领云计算产业的深入发展，使中国云计算技术与应用达到国际先进水平。本专题对中国云一期的进展进行了总结和概述，从总体上讲，中国云一期的研究成果为实现中国云重点专项的总体目标奠定了良好的基础。

—— 参考文献 ——

［1］ José Antonio González-Martínez, Miguel L. Bote-Lorenzo, et al. Cloud computing and education: A state-of-the-art survey［J］. Computers & Education, 2015(80): 132-151.

［2］ Kay Ousterhout, Patrick Wendell, Matei Zaharia, et al. Sparrow: distributed, low latency scheduling［J］. SOSP, 2013: 69-84.

［3］ Shriram Rajagopalan, Dan Williams, Hani Jamjoom, et al. Split/Merge: System Support for Elastic Execution in Virtual Middleboxes［J］. NSDI, 2013: 227-240.

［4］ Guan Haibing, Dong Yaozu, Tian Kun, et al. SR-IOV Based Network Interrupt-Free Virtualization with Event Based Polling［J］. IEEE Journal on Selected Areas in Communications, 2013, 31(12): 2596-2609.

［5］ Aleksandar Dragojevic, Dushyanth Narayanan, Miguel Castro, et al. FaRM: Fast Remote Memory［J］. NSDI, 2014: 401-414.

［6］ Michael R. Jantz, Carl Strickland, Karthik Kumar, et al. A framework for application guidance in virtual memory systems［J］. VEE, 2013: 155-166.

［7］ Athula Balachandran, Vyas Sekar, Aditya Akella, et al. Developing a predictive model of quality of experience for internet video［J］. SIGCOMM, 2013: 339-350.

［8］ Parveen Patel, Deepak Bansal, Lihua Yuan, et al. Ananta: cloud scale load balancing［J］. SIGCOMM, 2013: 207-218.

［9］ Brendan Cully, Geoffrey Lefebvre, Dutch T. Meyer, et al. Remus: High Availability via Asynchronous Virtual Machine Replication. (Best Paper)［J］. NSDI, 2008: 161.

［10］ Umar Farooq Minhas, Shriram Rajagopalan, Brendan Cully, et al. RemusDB: transparent high availability for database systems［J］. VLDB, 2013,22(1): 29–45 .

［11］ Eyal Bin, Ofer Biran, Odellia Boni, et al. Guaranteeing High Availability Goals for Virtual Machine Placement［J］. ICDCS, 2011: 700–709.

［12］ Dirk Merkel. Docker: lightweight linux containers for consistent development and deployment［J］. Linux Journal, 2014(239): 2.

［13］ Stephen Soltesz, Herbert Pötzl, Marc E. Fiuczynski, et al. Container–based operating system virtualization: a scalable, high–performance alternative to hypervisors［J］. EuroSys, 2007: 275–287.

［14］ Andrey Mirkin, Alexey Kuznetsov, Kir Kolyshkin. Containers checkpointing and live migration［J］. Proceedings of the Linux Symposium, 2008: 85–92.

［15］ Dong Yaozu, Ye Wei, Jiang Yunhong, et al. COLO: COarse–grained LOck–stepping virtual machines for non–stop service［J］. SoCC, 2013: 3.

［16］ Kun Tian, Yaozu Dong, David Cowperthwaite. A Full GPU Virtualization Solution with Mediated Pass–Through［J］. USENIX ATC, 2014: 121–132.

［17］ 吴吉义，李文娟，黄剑平，等. 移动互联网研究综述［J］. 中国科学：信息科学，2015，45（1）：46–49.

撰稿人：管海兵　胡春明　张　东

大数据研究进展

一、引言

　　人、机、物三元世界的高度融合引发了数据规模的爆炸式增长和数据模式的高度复杂化，世界已经进入了大数据时代。一般意义上，大数据是指无法在可容忍的时间内用传统 IT 技术和软硬件工具对其进行感知、获取、管理、处理和服务的数据集合。大数据具有几个突出的特点。首先，大数据的体量大，数据集合的规模不断扩大，已经从 GB 到 TB 再到 PB 级，甚至已经开始以 EB 和 ZB 来计数。IDC 的研究报告称，未来十年全球大数据将增加 50 倍，管理数据仓库的服务器的数量将增加 10 倍。其次，大数据类型繁多，包括结构化数据、半结构化数据和非结构化数据。现代互联网应用呈现出非结构化数据大幅增长的特点，至 2012 年末非结构化数据占有比例将达到整个数据量的 75% 以上。同时，由于数据显性或隐性的网络化存在，使得数据之间的复杂关联无所不在。再次，大数据往往以数据流的形式动态、快速地产生，具有很强的时效性，用户只有把握好对数据流的掌控才能有效利用这些数据。另外，数据自身的状态与价值也往往随时空变化而发生演变，数据的涌现特征明显。最后，大数据的价值巨大，但是传统思维与技术让人们在实际环境中往往面临信息泛滥而知识匮乏的窘态，大数据的价值利用密度低。

　　大数据的内涵远远超越物联网、云计算等信息技术的概念。物联网本质上是器物层面的技术，从大数据的视角而言，是采集数据的终端。云计算本质上是 IT 服务交付手段的变革，并由此引发一系列技术基础架构的更新。物联网和云计算都是信息技术发展的一定阶段的自然延伸，依然属于信息技术范畴。而大数据则是数据积累到一定规模后引发的质变。大数据超越信息技术，使人们重新界定国家竞争的主战场，重新审视政府治理水平，重新认识科学研究的新范式，重新审视产业变迁的驱动因素。

（一）国家——保障数据安全，促进数据开放

2012 年 3 月，奥巴马发布了美国版的"大数据研究和发展计划"。通过该计划可以看出，国家层面大数据技术领域的竞争事关一国的安全和未来。国家数字主权体现为对数据的占有和控制，是继边防、海防、空防之后的大国博弈空间。大数据必须上升为国家意志，落实为国家战略。欧盟地区和日本、新加坡等国家已经开始纷纷行动。

2013 年，美国人斯诺登给世人揭开了"数据战争"的冰山一角，美国的"棱镜计划"事实上把所有国家、个人都纳在 NSA（美国国家安全局）的监控之下。参与棱镜计划的公司包括谷歌、雅虎、Facebook、微软、苹果、思科、Oracle、IBM 等科技巨头。由此可以看到，在大数据时代，IT 产业强大与否已经直接决定一个大国能否成为强国的最为关键的因素。没有数据安全，就不会有国家安全，没有强大的 IT 产业，就不会成为一流国家。

保护国家层面的数据安全是以数据开放为基础的。开放是一种态度，更是一项能力。一些重大基础数据开放，可以构成社会的数据基础，按照大数据定律之一"数据之和的价值远远大于数据价值的和"来推断，来自不同领域的数据聚合在一起，开放给社会，将会产生类似核聚变一样的价值发现效应。

现在，电子商务、社交网络、基础通信所产生的数据以及国家相关部委的数据，具备聚合的效应和产生核聚变价值的基础。国家统计局联合百度、阿里巴巴已经做了一些探索性的尝试，这是非常好的开端。与此同时，"数据割据、拥数自重"的现象也是普遍存在的。譬如气象观测数据，这类数据对于研究大气变化、气候演变、农业指导等具备非常重要的科学意义，但目前来看，类似此类的数据应用范围还有很大提升空间。再如住建部的购房数据，这类数据对于防止腐败、研究经济走势、人口迁移，甚至制定国家决策都是至关重要的数据，如果开放给社会各界，一定程度上会繁荣多学科、跨领域交叉研究，由此可能会推动中国在各个方面的进步。

开放的数据是基础，促使信息产业繁荣，才能诞生真正的数据驱动的企业，反过来企业在数据领域的技术进步，才是确保国家数据安全的长治久安之策。如果没有谷歌、微软、Facebook 这样的公司，单凭美国政府之力，难以实施如此庞大的"棱镜计划"。所以制定国家大数据战略，需要重新思考传统的所谓的"国家机密"和国家安全的关系，应当把消除部门数据割据，建立公开、透明、共享的数据公共平台作为长期的战略目标。

（二）政府——转变理念，集成信息，抓住机遇

面对海量、动态、多样的大数据，传统的思维方式和行为方式将面临巨大挑战，尤其是在公共服务领域。有效集成信息资源的能力将会为政府管理理念和治理模式的转变提供强大的技术支撑。

当前，越来越多的国家开始从战略层面认识大数据，在政府治理领域融入大数据思维和技术，推进大数据的发展。英国 2006 年启动"数据权"运动，韩国 2011 年提出打造

"首尔开放数据广场"，联合国 2012 年推出"数据脉动"计划，日本 2013 年正式公布以大数据为核心的新 IT 国家战略。在此背景下，中国政府也顺应时代发展趋势，契合推进国家治理能力现代化的时代要求，推动大数据发展，政府、企业和科研院所正在进行多方位布局，充分利用大数据提升国家治理能力。对于政府治理而言，大数据时代在带来机遇的同时也充满挑战。

大数据为政府治理能力的提升带来了发展机遇。首先是为推动政府治理理念和模式的变化带来机遇。在政府治理领域，通过让海量、动态、多样的数据有效集成为有价值的信息资源，推动政府转变管理理念和治理模式，进而加快治理体系和治理能力现代化。其次是为推动政府治理决策精细化和科学化带来机遇。在大数据时代，互联网数据的价值随着海量积累而产生质变，能够对经济社会运行规律进行直观呈现，从而降低政府治理偏差概率，提高政府治理的精细化和科学化。再次是为推动政府治理提高效率和节约成本带来机遇。利用大数据，可以使政府治理所依据的数据资料更加全面，不同部门和机构之间的协调更加顺畅，进而有效提高工作效率、节约治理成本。

大数据对提升政府治理能力的重要性不言而喻，但在实际工作中具体运用大数据却任重而道远。现阶段，大数据在政府治理领域还未得到足够重视。中国政府部门目前几乎没有使用大数据技术，很多政府部门并未对大数据提升业务能力予以足够重视，大数据资源管理的思维尚未建立。大数据在政府治理中的技术运用尚在探索。随着中国信息化技术应用不断扩展，国家及企业层面产生了巨量大数据，但总体集成、掌握、整合、分析这些数据需要成熟的技术投入，目前如何利用大数据进行精细分析仍处于摸索阶段。大数据本身的管理还需要综合完善。如何管理大数据，中国各部门还缺乏统一标准，异质数据来源、架构、管理体系目前还不能有效整合，在一定程度上降低了数据的使用效率。

（三）科研——科学的研究数据，用数据来研究科学

学术界在大数据时代有了更为广阔的舞台。某种程度而言，近几年计算机领域的发展是谷歌、亚马逊等一线的互联网公司所推动的。虽然学术界在算法方面具备无可替代的优势，但在算法工程应用领域，由于缺乏实践场景而裹足不前。

在大数据时代，许多学科表面上研究的方向大不相同，但从数据的视角看，其实是相通的。例如自然语言处理和生物大分子模型中都用到隐式马氏过程和动态规划方法，其最根本原因是它们处理的都是一维的随机信号。再如用于图像处理的算法和用于压缩感知的算法也有着许多共同之处。

数据视角为许多学科的发展带来了新的研究思路。以自然语言的机器翻译研究为例。最初科学家们试图为计算机建立一系列的语法规则，按照语法、词义来翻译成另外一门语言。该思路非常直观，因为人们就是如此理解学习语言的。但在实践中困难重重，基于语法规则的翻译器几乎没有商用过。而当科学家们改弦易张，计算每一个词、每一句话的"合理概率"时，复杂的机器翻译就简化成了文字的概率计算。

从宏观尺度研究的天体信息学、社会行为学、微观尺度上分析人类的基因组，到追踪物理学家们梦寐以求的"上帝粒子"，这种思想在越来越多的领域得到应用。随着社会的数字化程度逐步加深，越来越多的学科在数据层面趋于一致。可以采用相似的思想进行统一的研究，这恰恰是数学家的特长，因此数据科学在数学和实际应用之间建立起了一个直接的桥梁。而这些实际应用正是来自于像信息服务等现代产业中最为活跃的一部分。对数学来说，这是一个千载难逢的机会。

通过建立大数据共享实验平台和国家级的大数据研究实验室，搭建产业界和学术界的桥梁，为学术界优秀的算法提供演练的舞台，为产业界困扰的难题提供破解的机会，从而间接推动数据科学领域学科建设与人才培养的工作。

二、国内外大数据发展动态

（一）国外大数据发展动态

纵观世界各国的大数据策略存在着三个共同点：一是推动大数据全产业链的应用；二是数据开放与信息安全并重；三是政府与社会力量共同推动大数据应用。下面简要介绍美国、英国等国的大数据发展战略。

1. 美国

美国从 2009 年开始全面开放了 40 万联邦政府原始数据集。美国政府数据库（Data. gov）宣布采用新"开源政府平台"管理数据，代码向各国开发者开放。奥巴马政府将"大数据战略"上升为最高国策，认为大数据是"未来的新石油"，将对数据的占有和控制作为陆权、海权、空权之外的一种国家核心能力。首批共有 6 个联邦部门宣布投资 2 亿美元，共同提高收集、储存、保留、管理、分析和共享海量数据所需核心技术的先进性，并形成合力；加强对信息技术研发投入以推动超级计算和互联网的发展。2013 年美国发布了《数据开放政策》行政命令，要求公开教育、健康等七大关键领域数据，并对各政府机构数据开放时间作出了明确要求。

已有美国大学专门开设了研究大数据技术的课程，培养下一代的"数据科学家"，一些美国公司也在向大学提供教育研究资助，并赞助与大数据有关的比赛，扩大大数据技术开发和应用所需人才的供给，提高美国的科学发展、环境与生物医药研究、教育和国家安全的能力；美国国家卫生研究院开展的免费开放国际千人基因组计划将创建的人类遗传变异研究数据集供研究人员自由访问和使用；美国国家科学基金会和美国国家卫生研究院对大数据进行联合招标，改进核心科学与技术手段，提高从各种大型数据集中提取重要信息并对其进行有效管理、分析和可视化的能力；美国国防部计划每年投资 2.5 亿美元左右，在各个军事部门开展一系列研究计划，以创新方式使用海量数据，通过感知、认知和决策支持的结合，加强大数据决策能力；美国能源部将斥资 2500 万美元建立可扩展数据管理与可视化研究所（SDAV），帮助科学家对数据进行有效管理，促进其生物和环境研究计划、美国核数据计划等研究成果。

此外，美国纽约州能源研究和发展管理局运用一系列的大数据技术来评估气候变化对纽约州的影响，并为农业、公共卫生、能源和交通运输等领域提供应对气候变化的策略。这一应用也被引入美国疾病控制中心，它正与美国 10 个州和城市一起开展"阅读州和城市计划"，共同研究和应对气候变化，而大数据技术是其中一个非常重要的组成部分。

2. 英国

2011 年 11 月，英国政府发布了对公开数据进行研究的战略决策，英国内阁部长弗朗西斯·莫德说，其实英国政府早有意带头建立"英国数据银行"，政府想算清楚究竟这个国家或政府创造了什么；英国不只是要成为世界首个完全公布政府数据的国家，还应该成为一个国际榜样，去探索那些公开数据在商业创新和刺激经济增长方面的潜力。

2013 年 1 月，英国商业、创新和技能部宣布，将注资 6 亿英镑发展 8 类高新技术，大数据独揽其中的 1.89 亿英镑，超过三成。8 月 12 日，英国政府发布《英国农业技术战略》。该战略指出，英国今后对农业技术的投资将集中在大数据上，目标是将英国的农业科技商业化。

2013 年英国首个综合运用大数据技术的医药卫生科研中心在牛津大学成立，这个研究中心总投资达 9000 万英镑，可容纳 600 名科研人员。中心通过搜集、存储和分析大量医疗信息，确定新药物的研发方向，减少药物开发成本，并为发现新的治疗手段提供线索。同时，以英国为首的欧洲核子中心（CERN）将在匈牙利科学院魏格纳物理学研究中心建设一座超宽带数据中心。建成后，魏格纳数据中心将成为连接 CERN 且具有欧洲最大传输能力的数据处理中心，未来该设施在处理大型强子对撞机（LHC）的数据以及实验方面发挥重要作用。2014 年英国宣布建立图灵大数据研究院，以确保英国未来大数据发展在经济和社会中处于领导地位。

3. 日本

日本面临着由于长期经济低迷导致国际地位下降、人口老龄化以及日益增大的社会保险费用和社会基础设施老化等诸多问题。为了扭转这一现状，日本政府决定通过大力发展 IT 产业，特别是大数据及开发数据和云计算，以发展开放公共数据和大数据为核心的日本新 IT 国家战略，把日本建设成为一个具有"世界最高水准的广泛运用信息产业技术的社会"，并且将其发展成就扩展到国际范围内。

4. 加拿大

随着大数据在全球范围内继续火热，加拿大的大数据产业也在慢慢升温。例如，在科研领域，加拿大政府科学、技术与创新委员会要求科研组织就与加拿大经济发展和社会福利密切相关的问题，为加拿大政府提出基于证据的科技建议。

2007 年加拿大开始实施数字信息战略。2011 年 5 月加拿大广播电视和电信委员会（CRTC）发布了新的"国家宽带计划"，该计划显示，到 2015 年加拿大全体国民将享有 5Mbps 的宽带接入速度。2012 年 9 月 IBM 正式启动在加拿大国内兴建智能数据中心，该中心全称为 IBM 加拿大领导数据中心（IBM Canada Leadership Data Centre）。

5. 法国

虽然法国在数学和统计学领域具有独一无二的优势，但法国的大数据产业发展情况远不如美国、英国等国家发展的火热。但近年来，法国在智慧城市建设方面却投入了大量精力，包括法国电信、施耐德集团和达索集团等诸多法国知名企业都在旗下设立了专门从事智慧城市设计和研发的工作室或实验室，在政府引导下积极投身智慧城市建设。2013 年 2 月，法国政府发布《数字化路线图》，列出 5 项将会大力支持的战略性高新技术，其中一项就是大数据。3 月，法国国家教育部推出了四项数字化服务。4 月，法国经济、财政和工业部宣布，将投入 1150 万欧元用于支持 7 个未来投资项目，目的在于"通过发展创新性解决方案并将其用于实践，来促进法国在大数据领域的发展"。

6. 德国

德国 IT 行业协会 BITKOM 日前发表报告称，大数据业务在德国发展迅速，2014 年有望增长 59%，营业额达 61 亿欧元，到 2016 年有望再翻一番，达到 136 亿欧元。同时因为严谨的民族习惯，德国在数据保护方面做得非常出色，据了解，德国在保护个人信息方面的立法已有几十年历史，现在的相关法律对互联网等领域中个人数据的使用都做出了明确规定，还提出设立专职信息保护人员的建议，较好地维护了德国社会的信息安全。

7. 小结

在各国政府纷纷出台大数据战略的同时，产业界也在积极布局、大胆实践。互联网、金融、电信、医疗、政府等成了大数据运营的重点领域。其他大多数领域的大数据发展应用仍处在初级阶段，在大数据应用的实践过程中也遇到了数据资产不明、应用需求不定、平台建设、技术路线、安全隐私问题等方面的挑战，但是，各领域在大数据应用方面还是做出了一些有益的探索，并取得了一定的成绩。

在电信行业，一些发达国家电信运营商一方面提升服务质量，改善内部管理，包括客户维系、精准营销和网络运营与管理，这三点的代表企业分别为法国电信、英国 O2、NTTDoCoMo 和沃达丰。法国电信开展针对用户消费的大数据分析评估，借助大数据改善服务水平，提升用户体验。英国 O2 在英国推出了免费 WiFi 服务，以积累更多的用户，从而收集到更多的用户数据，用在精准的媒体广告和营销服务方面。NTTDoCoMo 通过制作精细化表格，收集用户详细信息，大大加强了 CRM 系统和知识库，准确定位目标客户，提高了业务办理的成功性。沃达丰爱尔兰公司的 Tellabs "洞察力分析"服务是将通信网络中的大数据转化为可利用的情报。

另一方面确立商业模式，创造外部收益。包括直接出售数据获取收益和与第三方公司合作项目给运营商创造盈利，代表企业有 AT&T、西班牙电信 DynamicInsights、Verizon、德国电信和沃达丰。AT & T 将与用户相关的数据出售给政府和企业以获利。西班牙电信成立了动态洞察部门 DynamicInsights 开展大数据业务，为客户提供数据分析打包服务，同时，DynamicInsights 与市场研究机构 Gfk 进行合作，在英国、巴西推出了首款名为"智慧足迹"（Smart Steps）的产品。Verizon 成立了精准营销部门，提供精准营销洞察、精准营销、移动商务等服务，包括联合第三方机构对其用户群进行大数据分析，再将有价值的信息提供给政府或企业获取额外价值，数据业务的盈利在其整个业务中占比非常高。德国电信和沃达丰主要尝试通过开放 API，向数据挖掘公司等合作方提供部分用户匿名地理位置数据，以掌握人群出行规律，有效地与一些 LBS 应用服务对接。

在连锁零售业中，英国最大的连锁超市特易购（TESCO）已经开始运用大数据技术采集并分析其客户行为信息数据集。特易购首先在大数据系统内给每个顾客确定一个编号，然后通过顾客的刷卡消费、填写调查问卷、打客服电话等行为采集他们的相关数据，再用计算机系统建立特定模型，对每个顾客的海量数据进行分析，得出特定顾客的消费习惯、近期可能的消费需求等结论，以此来制订有针对性的促销计划并调整商品价格。这种有的放矢的营销和定价模式为特易购提供了更加高效的盈利方法。

在交通运输方面，美国 Inrix 公司和新泽西州运输部之间达成合作伙伴关系。Inrix 公司通过汽车和移动电话 GPS 装置上的信号和数据，采集主干道上的车速数据，然后实时向新泽西州运输部警示任意主干道上的路况险情，同时向司机的车载 GPS 装置或移动电话发送警示来提醒司机注意路况险情。

在农业方面，美国气候公司（The Climate Corporation）是一家天气保险公司，他们制作保单来弥补联邦农作物保险和因气候造成的农民损失之间的差额。该公司通过庞大的传感器网络分析和预测 2000 万英亩美国农田的气温、降水、土壤湿度和产量，在知晓高温天的天数以及土壤湿度数据后，建立模型来帮助其预判农民需要的天气保险金额以及公司需要支付的保费。

在外包领域，大数据技术也已成为信息技术行业的"下一个大事件"。目前，一些外包行业巨头也开始进军大数据市场，试想瓜分这一块"大蛋糕"。印度全国软件与服务企业协会预计，印度大数据行业规模在 3 年内将达到 12 亿美元，是目前规模的 6 倍，同时还是全球大数据行业平均增长速度的 2 倍。

在信息安全行业，FireEye 和 Splunk 这类国际企业在大数据安全方面发展迅速，他们在大数据安全方面的技术也值得国内企业借鉴。专做 DLP 产品的 Websense 公司基于数据流的分析技术十分有利于大数据的分析、挖掘。

（二）中国大数据发展动态

为了迎接大数据时代的到来，中国政府积极制定了促进大数据发展的战略规划，产业界也在进行着相应的战略调整和部署。

1. 中国政府促进大数据发展的战略规划

2012 年 8 月，国务院制定了促进信息消费扩大内需的文件，推动商业企业加快信息基础设施演进升级，增强信息产品供给能力，形成行业联盟，制定行业标准，构建大数据产业链，促进创新链与产业链有效嫁接。同时，构建大数据研究平台，整合创新资源，实施"专项计划"，突破关键技术。广东率先启动大数据战略推动政府转型，北京正积极探索政府公布大数据供社会开发，上海也启动大数据研发 3 年行动计划。

工业和信息化部为鼓励和推进大数据产业发展也制定了三大措施。一是在已通过的促进信息消费扩大内需的意见、软件和信息技术服务业"十二五"规划等政策规划中，对大数据发展进行部署。二是推动全国信息技术标准化技术委员会开展了大数据标准化的需求分析、标准体系框架研究及相关标准研制工作，并向相关国际标准化组织提交了大数据研究提案。三是利用项目资金进行前沿部署，支持了关键技术产品的研发和产业化。

2014 年 5 月 15 日，上海市推动各级政府部门将数据对外开放，并鼓励社会对其进行加工和运用。根据上海市经信委印发的《2014 年度上海市政府数据资源向社会开放工作计划》，目前已确定 190 项数据内容作为 2014 年重点开放领域，涵盖 28 个市级部门，涉及公共安全、公共服务、交通服务、教育科技、产业发展、金融服务、能源环境、健康卫生、文化娱乐等 11 个领域。其中市场监管类数据和交通数据资源的开放将成为重点，这些与市民息息相关的信息查询届时将完全开放。这意味着企业运用大数据在上海"掘金"的时代来临，企业投资和上海民生相关的产业如交通运输、餐饮等可以不再"盲人摸象"。

为推动数字福建（长乐）产业园、中国国际信息技术（福建）产业园加快建设成为全省大数据产业重点园区和"数字福建"建设的重要承载基地，福建省政府将从完善园区发展规划、引进培育产业龙头、推动资源汇聚开发、建设大数据创新平台、加强人才引进培养、做好园区用地保障、确保园区用电需求、强化园区网络支撑、实施财税优惠政策、提高安全保障能力 10 个方面给予支持。在引进培育产业龙头方面，福建省将通过市场开放、资源开发、技术采购、服务外包等方式，大力引进大企业、大行业、大平台，吸引国家部委、央企、电信运营商、金融机构、知名 IT 企业、互联网公司等入园建设新一代信息技术设计、研发、生产基地，发展一批行业性大数据云平台；吸引大数据产业链各个业务环节龙头企业入园，培育一批细分领域全国性领先的大数据服务提供商。

2. 中国大数据产业界的战略调整与部署

中国移动提出了大数据时代全新的移动互联网战略，即构筑"智能管道"、搭建"开放平台"、打造"特色业务"与提供"友好界面"，这体现了中国移动在移动互联时代全面开启之际的全新战略定位。中国移动在 2014 年成立了苏州研发中心，计划构建 3000 ~ 4000 人的研发团队和运营团队，宗旨就是要进一步完善云计算和大数据产品体系，尽快形成国际一流的云计算和大数据服务能力。中国移动构建了大云产业联盟，与技术提供商、集成商、高等院校、政府机构等超过 50 家单位在核心模块合作、授权技术服务、应用开发技术攻关等产业不同层面开展了合作。

百度、阿里、腾讯、360 等互联网企业依靠自身的数据优势，均已将大数据作为公司的重要战略。大数据正在从理论走向实践，从专业领域走向全民应用的阶段。

百度在大数据方面让人印象深刻的有百度迁徙这样的公益项目应用在民生和新闻等领域。最新动态是百度网盟利用基于大数据的 CTR（广告内容匹配）数据，站长的平均收入提升 70%。

阿里则对外宣称已经拥有 100PB 数据并以令人欣喜的速度增长，马云最新的内部邮件将阿里战略阐述为云端 + 大数据，阿里要进入数据时代。2014 年 10 月 14 日，阿里巴巴集团宣布无线开放战略，启动百川计划，将全面分享阿里无线资源，为移动开发者提供技术、数据、商业等全链条基础设施服务。百川计划作为阿里无线开发的重要平台产生，并将从技术、数据和电商能力上面向移动开发者提供基础服务。其中，云技术层面将提供架构搭建、数据存储、安全防护等服务，并由专业人员对 APP 进行一对一的开发、维护、技术支持；大数据层面则将联合移动应用统计分析平台友盟，帮助开发者完善数据精准挖掘分析及完善个性化推送体系。

2014 年 10 月 10 日，360 举办首届数字世界大会并发布三个产品，帮助广告商利用大数据做更有效的营销。360 宣称今后将推出的实效平台、聚效平台和来店通三款产品，就是把集合了数十亿用户信息的数据免费分享给广告主。

京东在无线领域也正进行着深层次的探索。首先是充分利用移动设备去拓展人性化功能，例如多模式交互。通过京东 APP，用户可以通过移动设备的摄像头拍照、扫码进行购物；另外，京东移动端还在积极通过大数据技术挖掘用户需求，提供更精准的服务。在能够带来巨大流量的微信方面，举行京东微信购物的众筹活动，一个月参与的人数达到了40 万人次。

3. 中国推动大数据产业园区发展

如前所述，大数据已经渗透到每一个行业和业务职能领域，逐渐成为重要的生产因素。据预测，到 2020 年中国数据产业市场将达到 2 万亿元以上规模。但任何一个技术概念都需要"落地"，先进技术只有与产业集合并切实推进经济的发展，才能成为真正的生产力。只有实现真正的产业落地，才能真正推动经济的发展，中国大数据产业才能挤掉泡沫，驶入健康发展的快车道。

产业园区作为产业集群的重要载体和组成部分，其经济效应已引起越来越多的人关注。产业园区能够有效地创造聚集力，通过共享资源、克服外部负效应，带动关联产业的发展，从而有效地推动产业集群的形成。大数据产业园作为大数据产业的聚集区或大数据技术的产业化项目孵化区，是大数据企业走向产业化道路的集中区域。大数据产业园区可以通过自身的规模、品牌、资源等价值为区域经济发展和企业资本扩张起到巨大的推动作用。主要体现在：

（1）提升企业效益：大数据产业园的建立会迅速聚集大数据企业发展所需要的多种资源，可以吸引众多互补型企业、产业链上下游企业等，为企业提供了一个良好的发展空间，是企业腾飞的重要平台。

（2）提升地区品牌：大数据产业园的建立必将带来大量高科技企业的入驻，这必将带动地区经济的快速发展，为区域经济建设提供高效助推器。另外，随着国家对大数据等新兴技术产业的重视，建立大数据产业园的地区将领先于国家的发展规划之前，提升本地区的知名度，并且可以借此吸引更多高新技术企业的投资。

（3）创造社会价值：大数据产业园区由于建设规模较大，涉及投资建设金额巨大，建成后，在年产值、税收等方面贡献巨大，并可直接解决部分当地失业人员的就业问题。除此之外，园区的生产生活配套设施，如住宿、餐饮、商业区等不仅可以满足园区内工作人员的个人需求问题，还可以为地区和其他服务型企业带来巨大的经济利益。大数据产业园在为自己创造经济效益的同时，也获得了社会效益的大丰收。

总之，通过建立大数据产业园，能够更有效地组织和使用大数据，人类也将得到更多的机会发挥科学技术对社会发展的巨大推动作用。

中国大数据产业起步较晚，且互联网技术也有所滞后，使得中国的大数据发展较领先国家还尚有一段距离。中国又有得天独厚的优势——庞大的用户群，每日有庞大的数据量不断生成，受惠用户量也极为众多。从政策环境上看，中国尚未出台完善的信息数据相关法律法规，对隐私方面的问题没有明确可执行的规章制度。在政府数据开放方面也急需进一步加强。

4. 中国大数据行业协会纷纷成立

IT 技术的迅速发展使爆炸增长的数据成了各行各业共同面对的问题。为了有效应对大数据引起的挑战，同时充分利用大数据带来的机遇，2012 年 5 月以"网络数据科学与工程——一门新兴的交叉学科？"为主题的第 424 次香山科学会议在北京香山饭店成功召开，会议建议在中国计算机学会下成立大数据专家委员会，并于 10 月正式成立。此后，业界对大数据日趋关注，中国大数据行业协会纷纷成立，中国通信协会、中国电子协会等也成立了大数据专家委员会，各界人士共同推动中国大数据技术及产业的发展。

中国计算机学会大数据专家委员会成立于 2012 年 10 月，由中科院计算所李国杰院士担任主任。其宗旨包括三个方面：探讨大数据的核心科学与技术问题，推动大数据学科方向的建设与发展；构建面向大数据产学研用的学术交流、技术合作与数据共享平台；对相关政府部门提供大数据研究与应用的战略性意见与建议。大数据专家委员会下设有五个工作组，分别负责专家委员会的会议组织（学术会议、技术会议）、学术交流、产学研用合作、开源社区与大数据共享联盟以及大数据发展战略工作组。

中国通信学会大数据专家委员会成立于 2012 年 10 月，由中国通信学会牵头组建，是中国首个专门研究大数据应用和发展的学术咨询组织。其主要任务是组织大数据发展重点问题研讨会并提出有关建议；开展大数据相关理论、方法、实践课题的研究；为企业的大数据研发提供咨询服务；促进产业间的资源共享与合作。专家委员会主任委员由中国工程院院士、中南大学校长张尧学担任，来自政府部门、学术界、研究机构和企业的知名专家学者担任委员。

中关村大数据产业联盟成立于 2012 年 12 月 13 日，由中关村管委会直接领导。联盟成立宗旨是把握云计算、大数据与产业革新浪潮带来的战略机遇，聚合厂商、用户、投资机构、院校与研究机构、政府部门的力量，通过研讨交流、数据共享、联合开发、推广应用、产业标准制定与推行、联合人才培养、业务与投资合作、促进政策支持等工作，推进实现数据开发共享，并形成相关技术与产业的突破性创新、产业的跨越式发展，推动培育世界领先的大数据技术、产品、产业和市场。

中国电子学会大数据专家委员会成立于2014年4月，凝聚了112位多个学科的专家。这样的交流平台和机制为业界提供了技术支持，可以有力地推动国内大数据的发展，为中国信息产业和服务的发展提供强大动力。

三、大数据的行业应用现状

大数据作为一种赋能性技术，如同电一样，作用于经济社会的各个层面。任何一种技术的应用都要经历从简到繁、由浅入深的过程，大数据的应用路径仍然遵从这一发展路径。数十亿用户每日在互联网上的处处留痕、时时留迹，使得其在网络空间的画像活动日益丰满，从而其需求很容易被准确洞察，精准营销仍为大数据最具产业规模的领域。围绕大数据精准营销产业链，互联网、金融、电信、新媒体等领域的大数据技术产品创新此起彼伏，应用广度不断拓宽，深度不断加强。同时，电网、交通、医卫、地信、政府、农业领域的大数据应用也明显提速。

（一）互联网大数据

随着互联网普及率的不断提升以及移动互联网的快速发展，互联网应用的发展趋势也在不断发生转变，互联网发展重心从"广泛"转向"深入"，网络应用对大众生活的改变从点到面，互联网对网民生活全方位渗透程度进一步增加。互联网应用的深入产生了海量的应用大数据，大数据是互联网的重要资源，也是互联网商业模式中核心价值点所在，因此，大数据理论和技术在互联网应用中起到至关重要的作用。互联网应用的多样性导致其涉及的大数据内容呈现不同的特点，针对不同需求研究和采用适宜的大数据技术能够获得更好的互联网应用和服务，提升用户体验，从而带动互联网整体发展。

根据中国互联网络信息中心2014年7月发布的《中国互联网络发展状况统计报告》，互联网应用主要分为四类：商务交易类应用、信息获取类应用、交流沟通类应用、网络娱乐类应用。各应用领域分别包括不同的应用场景，其中绝大多数互联网应用涉及大数据相关技术。特定互联网应用具有其固有特点，例如增长率较高的支付相关商务交易类应用，要求大数据技术在其中有针对性的发展。又如，移动互联网的快速发展使数据本身发生了变化，也使大数据技术的应用面临新的机遇和挑战。通过深入分析互联网应用的特点，不断改进和完善大数据技术，使其与互联网应用更加紧密的结合，能够让数据本身为互联网应用带来更高的附加价值。

互联网与大数据互相依托，是大数据产生最主要的平台。在互联网应用中，大数据源源不断地产生，通过分析、处理反作用于互联网应用。因此，大数据技术是互联网发展的动力，大数据技术使互联网应用更加贴合用户需求和网络发展方向，从而能够不断发展壮大。

大数据未来最主要的发展趋势是与移动互联网结合，针对移动互联网固有特征，改进自身技术以更加适应移动互联网应用需求，实现移动互联网和大数据的有机结合，并且渗透到人们日常生活的各个角落，真正达到以大数据和移动互联网影响和改变人们生活的目的。短期内可以预见的是，大数据技术将在移动电子商务、即时通信、社交平台、移动网络游戏等应用领域中迅速发展并寻求突破，成为相关领域核心技术。

（二）金融大数据

从数据角度看，金融无非是各种数据的排列组合。金融大数据是指高度依靠数据资源实现资金融通、支付和信息中介等业务的一种新兴金融。具体可以表现在两个层面：一是技术层面，强调金融业务的完全电子化，并且是基于结构化和非结构化的海量数据进行业务运作的；二是商业层面，强调运用大数据资产和大数据思维经营金融，基于数据进行决策。

金融大数据和互联网金融不能完全割裂来看，互联网金融强调运用互联网技术和互联网思维在运营层面和结构层面改造金融业，而金融大数据更强调运用大数据资产，大数据可以称为互联网金融的内核。同时，大数据与互联网都是信息技术的历史产物，二者存在着密切的关联性。

在中国，抛开金融电子化，互联网金融概念在 2012 年由中国投资有限责任公司副总经理谢平教授首次提出，他将既不同于商业银行间接融资、也不同于资本市场直接融资的第三种金融融资模式称为互联网金融。随后在 2013 年，互联网金融概念的热度开始急速攀升，6 月 17 日阿里巴巴推出"余额宝"产品，该产品上线 6 天，用户数就突破 100 万，上线 18 天，累计用户数达到 251.56 万，累计转入资金达到 66.01 亿元。截至 2014 年 7 月，"余额宝"资金规模已突破 6000 亿元，客户数超过 1 亿户，创造了令金融界震惊的奇迹，随后不仅出现了"活期宝""现金宝"等众多"宝"类产品，而且也拉开了互联网金融的大幕，产业界、投资界、学术界乃至监管部门开始纷纷加大在互联网金融领域的布局，P2P、众筹、网络小额信贷、比特币等新兴的互联网金融模式层出不穷，一时间，互联网金融成为社会各界争论的焦点和抢夺的重点。

金融大数据与互联网金融相伴而生，2013 年、2014 年进入快速发展期。以 P2P 借贷为例，在 2006 年、2007 年前后 P2P 网贷就进入中国，2011 年后中国 P2P 贷款呈现出爆发式增长的态势，大量的 P2P 贷款平台在市场上涌现。2011 年 P2P 网贷平台数量仅为 20 家，月成交额仅为 5 亿元。但到 2013 年年底，网贷平台数量增加到 600 家，月交易额达到 110 亿元，截至 2014 年 6 月，P2P 网贷数量突破 1200 家，平均每天成立一家平台。网贷投资人规模也从 2012 年的 5 万人增加到 2014 年 6 月的 29 万人。

野蛮生长，金融大数据监管力度有待提高。目前中国主要通过宪法和相关法律法规对个人信息进行间接保护，尚无一部专门的法律对个人信息数据特别是个人金融信息的收集、使用、披露等行为进行规范，立法散乱，呈零星、分散状态，不成体系，因此需尽快明确监管职责与权限，对金融大数据进行合理规范、监管，保障其稳定、持续与健康发展。

基础缺失，数据孤岛、数据壁垒现象明显。企业数据必须要流动才能产生价值，而静止数据只是看上去宝贵，实则敝帚自珍，最终数据也将被时间淘汰。中国金融机构往往由于业务领域的不通抑或是政策法规的限制，不同机构掌握的数据不尽相同，而且数据的流通性较差。数据孤岛对于数据的量级、时效性、流通性产生了极大的影响，打破数据壁垒、实现数据地有效及时流通是金融大数据发展的基础。

大数据是金融业的底层基础设施，大数据时代的到来将对金融业的各个方面产生广泛而深远的影响。交易中介脱媒、服务中介弱化是金融大数据未来商业演变的终极形态。金融脱媒一词早在20世纪就开始使用，又被称为"金融非中介化"，是指资金融通绕开商业银行这一媒介体系，表现为企业组织借助股票、债券等金融工具实现直接融资，居民的金融资产从储蓄为主向证券资产转变。技术脱媒一词诞生于互联网等信息技术兴起之后，是指在新兴技术的作用下金融体系呈现的"去中介化"的特征，具体表现为交易中介脱媒，服务中介弱化。中国当前金融脱媒和技术脱媒正在并行推进，二者结合的化学效应更为凸显。

（三）电信大数据

电信行业已经有上百年的历史，当前正面临着大数据带来的新机遇和新挑战。以中国移动为例，每日从事务性系统中产生的结构化数据达到8TB，汇聚的经过压缩后的上网日志数据达到400TB，而最原始的信令量更是达到数PB到数十PB。如果将这些数据视为成本的话，那么电信运营商将面临巨大的投资压力。但从另外一个角度上考虑，如果这些数据能被当作资产一样产生收益、增值保值，不异于拓展一个全新的领域。

电信运营商为了提供更好的网络通信质量和更灵活的计费方式而建设了一系列的IT系统，比如网络管理系统、深度包分析（DPI）、信令分析系统、计费系统、客户关系管理系统、企业信息管理系统（MIS）。这些系统原本设计的目的是用于内部管理，但是其不经意累计下来的海量数据被发现可以用于其他领域，用于增强电信运营商本身的商业模式，或者让其他行业或企业的商业模式更加具有竞争力。这就是大数据典型的"数据外部化"特性，即数据的价值可能发挥在IT系统设计者所意想不到的地方，因此任何企业和IT系统都应当竭尽可能地留存数据。

此外电信运营商在提供固化、移动通信、宽带等基础电信服务的基础上，也提供一系列增值业务，例如音乐、图书、下载、动漫、支付等。这些互联网和移动互联网的应用在为用户提供服务的同时也积累了大量的信息。

总的来看，电信行业的大数据依然处于探索阶段，未来几年，无论是内部大数据应用还是外部大数据商业化都有很大的成长空间。但电信行业大数据最大的障碍是数据孤岛效应严重，由于国内运营商的区域化运营，电信企业的数据分别存储在各地区分公司，甚至分公司不同业务的数据都有可能没打通。而互联网和大数据则没有边界。对于三大运营商来讲，各家对于大数据的发展思路也各不相同，但总体来说均在加速推进。

中国电信很早就已经意识到移动互联网时代的到来，并于 2005 年提出了战略转型的构想，主要目的就是为了应对移动互联网时代的挑战。而当前，中国电信已经提出了"智慧城市"发展战略，其中很重要的技术结合点就是物联网和大数据。基于以上战略，中国电信定位成为智能管道的主导者、综合平台的提供者、内容应用的参与者。而在"流量经营"方面，中国电信从"话务经营"向"流量经营"转型。结合大数据技术，中国电信也将深入 IDC 服务以及智慧城市建设，并发掘移动互联与之结合的商机，重塑转型之路。

总之，运营商利用大数据来推动业务转型将是未来电信市场的一个重要方向。电信运营商如果能够通过技术的进步，不断释放其管道中庞大数据的潜在力量，将会成为未来移动互联时代中最大的赢家。所以，电信业也势必将大部分的投资转向大数据应用市场。根据赛迪顾问分析预测，中国电信业大数据应用市场将保持快速增长势头，增长水平高于大数据整体市场增速，2015 年电信业大数据应用市场规模预计将达到 25.3 亿元。

（四）健康大数据

随着计算机网络和信息技术的发展以及现代医学技术的不断进步，医学与健康相关数据正在急速增长。如何高效收集、处理、存储、交换和挖掘海量的健康与医疗相关大数据，从而为医护人员的及时和正确诊断、个人健康的监测护理与诊疗建议、医疗相关机构的管理与决策提供大数据分析和系统支持，已经成为跨医学和计算机科学领域的一个重要研究方向和产业发展方向。国家相关部门在健康医疗大数据方面部署了一系列相关项目和课题，包括科技部"863"计划和国家科技支撑计划部署的一系列相关项目、中国科学院重点部署的"医学影像信息大数据相关研究"项目以及地方资助项目（如山东省资助的"医疗大数据管理及分析应用系统项目"）等，旨在基于大数据技术推动医疗健康和生物等相关产业的发展。

健康医疗行业涉及从医疗卫生机构、医疗器械企业、医疗管理部门到具体每个人，共四种不同类型机构实体和人群。健康医疗信息化和服务水平影响着每个人的生活质量。目前，健康医疗行业信息化主要应用现状如下：

首先，随着信息化技术的飞速发展，医疗行业的信息化步伐不断加快。国际上已开始利用大数据挖掘与分析来减少医疗浪费，改善医疗效果。国内医疗行业经过多年建设和发展，目前医院已经普遍建成了以医院信息管理系统（HIS）、电子病历（EMR）、实验室信息管理系统（LIS）、医学影像系统（PACS）以及放射信息管理系统（RIS）为主要应用的综合性信息系统，极大地提升了各级医院的医疗服务水平。在医疗数据规模和种类急剧增长的情况下，传统的医院内各系统间的数据交换、存储、处理和服务模式在适应新形势下的健康医疗大数据服务需求方面面临巨大挑战。具体包括：如何高效且经济地存储、处理上述种类多（非结构化、半结构化和结构化）、规模大（从 TB 到 PB 级，甚至更多）的健康医疗大数据，为医院日常业务提供支撑；如何更好地实现健康医疗大数据的共享和交换，提高健康医疗数据资源的使用率，方便患者就医、降低个人就医的时间和经济成本等。

其次，大众个人健康服务还处在探索阶段，迫切需要在健康服务方面进行新的尝试和探索，提升健康医疗服务的水平。目前，虽然各类保健器械和医疗服务开始进入社区和家庭，人们的健康消费模式从以往单一的基本医疗消费逐步向医疗、保健和提高身体素质等多种形式并存的健康医疗消费模式转变，但是每个人能享受的医疗卫生资源稀少，有限的医疗资源无法满足不断增长的医疗需求，迫切需要通过信息新技术来改善健康服务水平，为用户提供高效、低成本的健康医疗服务。当前，国际上出现了引入云计算为核心思想的健康医疗护理解决方案，该方案包括医疗物联网、医疗门户网站、智能手机终端及健康监测软件、数据管理、IP 及无线通讯模块、终端设备的嵌入式软件以及短程无线网关的硬件产品等一系列软件和硬件，基于云计算中心模式共同提供移动健康医疗监测与诊疗服务。

最后，医疗管理部门及医疗相关企业和机构的管理与科学决策，期待更多健康医疗大数据挖掘与分析技术和应用的支持，从而得以充分利用大数据分析的优势来指导相关政策的制定、流行性疫病防控，甚至是医疗服务相关企业的产品规划与决策等。

在健康医疗领域，大数据挑战是指在电子健康和医疗相关数据集十分巨大和复杂的情况下，很难用传统的软件、工具和方法来管理和处理这些数据。具体来说，健康医疗领域的大数据包括临床诊断数据、临床决策支持相关数据（如医生撰写的病历、处方、医学图像以及其他和实验、药品、保险有关的数据）、病人电子健康记录数据、各种医学传感器产生的数据（如移动传感器监测到的心电图数据）、社会媒体产生的健康医疗相关数据等（如 Twitter、微博、博客、网页上的健康和医疗相关数据）。健康医疗大数据分析和利用具有重要价值。例如，通过发现数据之间的关联，掌握理解数据模式和变化趋势，可以改善医疗效果，挽救生命并降低医疗成本。又如，基于大数据进行疾病的早期预测、管理人口健康以及检测卫生保健欺诈；根据历史数据，预测哪些病人需要选择外科手术、哪些病人做手术无效、病人的治疗并发症风险等。

四、大数据学科发展现状、趋势与建议

下面从宏观角度梳理大数据的学科发展现状，总结大数据的学科与技术发展趋势，进而提出中国大数据基础研究与产业化的发展战略和建议。

（一）大数据学科的发展现状

1. 大数据研究还处于积累数据、分析现象为主的前科学阶段

不少学者认为，目前的"大数据"主要表现为"研究对象"，是一种需要探索的"现象"。随着采集数据成本的大幅度降低，各行各业都涌现出大量非结构化的数据，正在探索存储、处理、分析大数据的新方法，尚未形成反映大数据共性规律的科学理论。观察现象、积累科学数据、从现象中发现规律，是形成物理、化学等科学理论走过的路。牛顿力学就是建立在大量天文学观察的基础上。研究人类社会活动规律的社会科学、以复杂网络为研究对象的网络科学等还处在牛顿力学诞生前的积累数据、分析现象阶段。

现有的大数据理论与模型高度依赖其他学科，如统计分析、机器学习、分布式系统等，还没有建立起独立于其他学科的理论体系与研究方法论。但大数据基础研究可能不是传统科学的复制和延续，大数据有别于传统数据处理的本质是数据之间的相互关联，相互关联的数据跨越了物理空间、信息空间和人类社会，形成了三元空间交织融合的"数据界"（Data Nature）。数据界的存在仅仅是一个现象还是在现象之下隐藏着一套全新的"数据科学"理论与"数据哲学"理论，目前尚不清晰。

大数据研究将促使科研第四范式逐渐形成，但第四范式的建立也是一个过程，需要发展与已有的三种范式不同的科研方法。科研范式的改变和大数据共性规律的发现可能会交织在一起。估计还需要一段时间的努力，大数据才能形成独立的学科。

2. 大数据的科学研究与产业应用脱节

当前经济形势下，纯粹依靠物质资源发展经济的老路已难以为继，而数据是贯彻国家"创新驱动发展"战略的最重要资源。过去几年，以"BAT"为代表的大型互联网企业已具有与国际大公司竞争的经济实力和技术基础，他们依托自身拥有的巨量数据和现实的应用需求，已经发展出一些初步满足各自底层次需求的大数据解决方案，但在新技术引领未来的竞争优势方面存在诸多不足。中国在部署大数据科技创新布局时，要抓住当前难得的机会与条件，继续将大数据研究重点放在"网络大数据"方向，真正实现科学研究促进产业的跨越式发展。

另一方面，大数据研究在推进农业生产、工业制造和科学研究等方面尚未出现大规模聚集效应，直接从数据中产生知识的方法论尚未形成体系。所谓"第四范式"还有待研究界从基础问题体系和方法论层面进行提炼和挖掘。由于缺乏真正的大数据，不了解大数据应用的真实需求，科技界对大数据应用发挥的作用还不明显。在大数据基础研究中，科学研究和应用的脱节还表现在信息领域的科技人员与应用领域的科技人员开展深度合作十分困难，而没有这两类科技人员的深度合作，大数据基础研究很难取得突破性进展。

因此，国家在部署大数据基础研究时，一定要特别强调和重视信息领域和其他应用领域科研人员的密切合作，从制度上为跨领域的合作创造条件。同时要加大跨学科人才培养力度，安排充足的经费用于跨学科人才培养。

3. 大数据基础研究的问题体系尚不清晰

从 2012 年以来，科技部、国家自然科学基金委等部门通过"973"计划、重点课题资助计划等陆续支持了若干大数据基础研究类项目，聚集了一批来自于国内高校、科研院所以及企业前瞻研究部门的优秀人才与团队，开展了与大数据处理相关的基础研究。总体上来看，已有科研项目团队对大数据科学问题的定义，大数据研究的角度、粒度、深度等方面存在着较大差异，有些问题在概念层面就非常模糊，研究界尚未形成一个相对清晰的大数据基础研究问题体系。为提高科研效率，促进科学交流，形成真实的创新成果，在一定程度上需要顶层规划和科学引导。

（二）大数据学科的发展趋势

尽管针对大数据的科学研究工作还存在上面阐述的各种问题，但以从数据中提取信息和知识进而辅助决策为目标的数据科学逐渐得到认可和关注。CCF 大数据专家委员会于 2012 年 12 月发布的《大数据热点问题与 2013 年发展趋势分析》报告和 2013 年 12 月发布的《2014 年大数据发展趋势预测》报告中，都预测数据科学将作为一门新的交叉学科逐步兴起，甚至类似玻色子的发现，数学、生物、物理、化学、材料等领域将在一定程度上依赖数据科学才能取得突破性进展。但上述报告同时还指出，数据科学作为一个新的科学，还有很多根本问题没有解决，甚至很多问题还没有被提出。所以，数据科学真正的兴起并成为一个支柱学科，还需要学术界更多的努力。作为对上述预测的一个印证，我们注意到，国家自然科学基金委员会在 2014 年组织的未来五年的"十三五"规划中，特别尝试设立了"数据与计算科学"这一专门面向大数据的学科方向，还具体定义该方向是研究数据的感知、收集、传输、管理、分析与应用的交叉性学科，旨在揭示数据的内在规律，探索数据计算理论，实现从数据到知识的转化，为大数据的科学计算以及在重要应用领域的预测、决策与应用提供基础。该项规划还指出，"数据与计算科学"主要包括两大内涵：一方面是数据内在规律，主要研究人—机—物三元数据空间的内在规律、大数据关联与演变机理等；另一方面是数据计算理论，研究大数据计算的基础理论、计算模式与新型体系架构等。

同大数据技术与应用走在了大数据研究前面的情形类似，尽管数据科学作为一门学科尚未完全建立，但世界各地的科研院所与培训机构都在积极探索大数据人才培养的课程与学位体系。许多大学（如美国的加州大学伯克利分校、哥伦比亚大学和纽约大学；英国的伦敦大学学院、帝国理工大学；荷兰的埃因霍温技术大学；中国的清华大学、中国人民大学、北京航空航天大学、香港中文大学等）都设立了大数据研究中心或研究所，许多大学和研究所已经设立了面向本科生和研究生课程或学位来培养大数据专业人才，包括数据科学家和数据工程师。大数据作为横跨信息科学、数学、社会科学、网络科学、系统科学、心理学、经济学等多个学科的方向，运用到来自许多不同领域的理论、方法与技术，诸如信号处理、概率模型、机器学习、统计学习、计算机编程、数据工程、模式识别、可视化、不确定性推理、数据仓库与高性能计算等。因此，面向大数据的学科体系也将在很大程度上以其他学科的理论与方法为其基础。

（三）大数据学科的发展战略与建议

基于前面对大数据产学研用现状与趋势的认识，为了科学合理地规划布局国家在"十三五"甚至更长时间内大数据基础研究的方向，建议中国在未来一段时间内对大数据科学重大基础研究的布局围绕着数据科学的学科体系、大数据计算系统与技术的基础理论、大数据驱动的颠覆性应用的基础问题三个层面展开。三者相互呼应、相互促进，形成国际领先的中国大数据发展战略和大数据科研生态环境。

1. "数据界"内涵与数据科学的学科体系研究

由于科学技术的进步，人类社会、物理世界和信息空间趋向于深度融合、交互影响、相互转换，三元世界的深度关联映射形成了一个庞大的数据空间，这个融合空间被称为"数据界"。人们认识数据界的普适规律所形成的基础学科可以称之为"数据科学"。

当前，数据科学尚处于各个学科分割观察和各个行业独自发展的阶段，数据界的共性科学问题和内在基本机理尚不清晰。为此，建议融合数理科学、计算机科学、社会科学以及各类应用学科，采取归纳和演绎相结合，实验、唯象和理论框架相结合，以研究相关性和复杂网络为主，探讨数据科学的学科体系。一些可能的研究方向包括：

（1）数据谱系与分类体系研究：类似基因组方法，通过对三元世界以及各行业应用的大数据现象的系统性观察，研究数据的分类体系、内部数据基元（基本量纲）的相互作用力与关联关系规律；提出数据分类学理论。

（2）数据计算思维与数据计算范式研究：探讨"数据→知识→智能决策"的认知机理；探讨从以算法的"计算复杂性"理论为核心的计算机科学研究发展到以大数据关联与融合分析的"数据复杂性"理论为核心的数据科学研究；从数据利用层面探讨数据的质量度量模型，研究类似基于"数据熵"的数据计算理论。

（3）数据的社会效应理论研究：人是各种社会关系的总和，基于大数据研究个体人的各种关系，进一步研究不同社会群体和社会发展的数据化存在规律；基于社会的自组织、自治、进化规律，研究数据界的仿社会计算理论，预测数据的社会效应；基于社会效应，研究数据价值模型和数据经济学理论。

（4）数据的网络效应理论研究：类似物体的运动状态存在，任何数据在数据界的存在是网络化关联的。复杂网络理论是 20 世纪末、21 世纪初人们发现的普适性理论，在交通、经济、商业、健康等各行各业中的数据均以复杂网络形态存在。研究数据界的复杂网络规律和网络效应，发现数据存在的基本网络特征和数据关联的演化规律，进而支撑重大实际需求中的关键问题求解。

2. 大数据计算的系统与技术瓶颈问题

随着计算机和网络软硬件技术的发展，传统的计算机系统、网络传输、数据库、数据挖掘等 IT 技术虽然可以通过并行化、集群化在某些具体应用需求上缓解大数据处理带来的挑战，但现有系统与技术上的改良无法适应大数据复杂关联的网络效应、数据规模的指数增长、数据全生命周期内的迁移、异构多源数据的融合分析以及普适泛在的"人机物"交互所带来的压力。从系统与技术的基础方法层面来说，急需摆脱传统 IT 技术的束缚，开放思路，研究面向大数据计算的新型系统体系和大数据分析理论，突破大数据认知与处理的技术瓶颈。具体而言，建议开展如下几个方面的研究：

（1）面向大数据创新应用的新型系统结构研究：包括基于运行时系统的数据流计算模型，具体研究多核和分布式众核环境下的运行时系统及其数据流并行计算模型；面向智能计算的新型计算机体系结构，具体研究面向智能计算的神经元处理器及相应的计算机体系结构；面向全生命周期的数据存储与实时计算的弹性架构与系统，具体研究异构网络数据全生命周期的存储、处理和实时计算的分布式弹性系统架构，大数据处理系统的效能评估模型与测试试验床；面向弱一致性约束和低成本冗余的异质数据管理与查询系统等。

（2）大数据融合分析与深度挖掘的创新模型与方法：包括复杂网络分析与异质大图计算模型；跨媒体大数据的内容关联分析与协同智能计算模型；群体智慧与社会计算；人在回路的数据感知、预测与调控。

（3）大数据计算的数理基础：包括数据采样与非完整数据环境下的统计学习与近似计算基础理论；高维特征空间和多模型融合计算的数学模型等。

（4）大数据应用基础共性技术：包括面向物联网环境的绿色低能耗的大数据采集和通信；网络空间大数据的感知、测量、清洗与数据质量判定；大数据的交互式可视化与可视分析；大数据挖掘分析与机器学习工具和开发环境等。

3. 大数据驱动的颠覆性战略性应用基础研究

尽管各个行业都高度关注大数据，但就当下的情况而言，大数据无论是科学研究还是技术研发都还有很长的路要走，不宜各个行业均同步开展大数据的应用研究，以免造成大范围的人力、财力和物力浪费。因此，建议通过研讨，挑选几个能对行业的传统模式带来颠覆性变革的行业进行试点。通过在试点行业的探索和应用，使大数据的技术方案逐步成熟，在实现大数据技术与行业的无缝耦合之后再进行更大范围的拓展。为此，特别推荐如下几个领域：

（1）网络大数据：互联网是大数据技术发展最快速也相对最成熟的领域，同时也是迄今为止产业最多颠覆性变革的领域。根据 2013 年发布的《中国互联网络发展状况统计报告》，目前最典型、最主要的互联网服务和应用包括网络新闻、搜索引擎、网络购物/网上支付、网络广告、旅行预订、即时通信/社交网络、博客微博、网络视频/网络音乐、网络游戏等，对当中的许多服务和应用，大数据的新理论、新技术大有用武之地，大数据将助推互联网服务和应用得到更好发展，反过来也将使大数据的新理论、新技术在互联网行业找到新的应用点，从而实现互联网与大数据两大新兴领域的有机结合。

（2）安全大数据：这里主要是指网络空间安全。网络的开放性、复杂性和跨国性决定了网络安全是全球性的严峻挑战，它不仅是一个科技竞争，而且是一个与政治、社会、军事等问题紧密相关的，多方位、多层次和多领域的错综复杂的综合问题。当前，网络安全已经成为国家安全的核心。国家在战略层面上对网络空间安全的重视引发了巨大的投资驱动。而大数据在处理网络空间复杂性等问题上具有先天优势，两者的结合使得网络空间安全问题成为大数据现实应用中最为活跃的领域之一。大数据技术将为面向网络安全的信息萃取技术、人机结合的网络安全分析、网络武器的防御与对抗技术等带来前所未有的挑战和机遇。同时，组建国家网络安全力量是网络安全大数据应用的重要步骤。

（3）金融大数据：金融领域有着良好的大数据基础。借助新兴大数据技术的支持，金融业的两大根基——征信与风控即将发生革命性的变化，同时将产生很多全新的金融与商业服务模式（如O2O、互联网金融、众筹等）。具体而言，以大数据为代表的新型技术正在或将在两个层面对传统金融业引起颠覆：一是金融交易形式的电子化和数字化，具体表现为支付电子化、渠道网络化、信用数字化，是运营效率的提升；二是金融交易结构的变化，其中一个重要表现便是交易中介脱媒化、服务中介功能弱化，是结构效率的提升。伴随着大数据应用、技术革新及商业模式创新，金融业中的银行和券商也将迎来巨大的转变。

（4）生物组学大数据：基因组学可以说是大数据最经典的应用之一。基因测序的成本在不断降低，同时产生着海量数据。公司和研究机构可以通过研发基于基因组学大数据和云计算的高级算法来加速基因序列分析，让发现疾病的过程变得更快、更容易、更便宜，这为个性化医疗带来很多机遇。对于制药公司来说，同样也可以预测哪些药物对特定的变异病人有效，作出更为科学和准确的诊断和用药决策，最大限度地提高药物疗效通过的概率。

（5）健康医疗大数据：伴随着中国医疗卫生服务的信息化进程推进，已经产生了大量的健康医疗数据，主要包括来自医院的大量电子病历、区域卫生信息平台采集的居民健康档案等。而随着个人健康管理的推进，将产生越来越多的个人日常健康监测信息，这个数据的规模和增长速度将远超想象。尽管目前各地的医疗信息系统已经电子化，但绝大多数的医疗数据处于归档状态。预计大数据解决方案将在居民健康档案数据管理和服务、医院大数据管理和服务以及其他医疗领域（如医疗保险、生物制药、生命科学等）被广泛应用并带来颠覆性变化变革，譬如，使当今"One-Size-Fits-All"的医疗模式向个性化医疗模式转变。

4. 大数据的科研模式改革

目前，大数据已经渗透到各行各业，每个行业都可能通过对大数据的研究与应用大受裨益。但大数据这种跨领域、跨行业的特性，使得面对大数据的研究员需要对传统的模式进行改革。在此提出如下几项建议：

（1）产业界拥有真正的大数据以及对大数据的迫切实际应用需求，因此大数据的研究与应用需要产业界和学术界密切配合。

（2）大数据的产学研用要有快速的发展，必须依靠良好的生态环境支持。而良性生态环境（包括政策、法律、法规等）的构建需要依托公共的而不是私有的数据平台体系，这就需要政府主导企业和科研院所参与的公共数据中心。

（3）在现有科研项目资助模式之外，探讨资助类似美国普林斯顿高等技术研究院以及持续性的交叉学科科学沙龙方式促进大数据学科创新研究。

五、大数据产业的发展现状、趋势与建议

随着中国信息产业宏观环境的不断改善，各地方政府纷纷出台大数据发展计划，各高校和科研组织开始培养专业的大数据人才，而以 BAT 为代表的科技企业也开始涉足大数据产业。通过各方努力，目前中国已具备加快大数据产业发展的基础和态度，大数据产业链正在加速形成。然而，中国的大数据产业发展还处于起步阶段，大数据产业还存在一些问题，如大数据相关法律法规有待进一步完善，对于信息安全保护还需提高重视等。因此，中国大数据产业还需要在国家宏观指导下进一步发展。

（一）大数据产业的发展现状

大数据产业包括一切与大数据的产生与集聚、组织与管理、分析与发现、应用与服务相关的所有活动。数据产业链按照数据价值实现流程，包括生产与集聚层、组织与管理层、分析与发现层、数据应用与服务层四大层级，每一层都包含相应的 IT 技术设施、软件与信息服务。

全球互联网公司纷纷进入大数据产业，希望瓜分这一市场。据电信与媒体市场调研公司 Informa Telecoms & Media 在 2013 年的调查结果显示，全球 120 家运营商中约有 48% 的运营商正在实施大数据业务。其中，大数据业务成本平均占到运营商总 IT 预算的 10%，并且在未来五年内将升至 23% 左右。可见大数据巨大的产业价值已经逐渐被企业重视。

根据数据从产生到应用、继而产生新数据的过程，大数据产业形成了一个环形产业链。从数据产生到应用，参与企业逐渐增多，数据价值逐级放大。概括起来主要包括以下几个方面：以云计算、物联网、移动互联网等新一代信息技术而不断生产交易数据、交互数据与传感数据的大数据生产活动；以搭建大数据平台、支撑大数据组织与管理的服务器、存储设备、网络设备、数据中心附属设备等 IT 基础设施硬件销售与租赁活动；大数据平台的运维与管理服务，系统集成、数据安全、云存储等解决方案与相关咨询服务；支撑数据分析与发现的嵌入式芯片、服务器、高性能计算设备等 IT 基础设施硬件销售与租赁；与大数据应用相关的数据出售与租赁服务、分析与预测服务、决策支持服务、数据共享平台、数据分析平台等。

随着每次数据产生到数据价值实现的循环过程，数据规模不断扩大、数据复杂度不断加深、数据创造的价值不断加大，同时，也加速了大数据技术创新与产业升级。

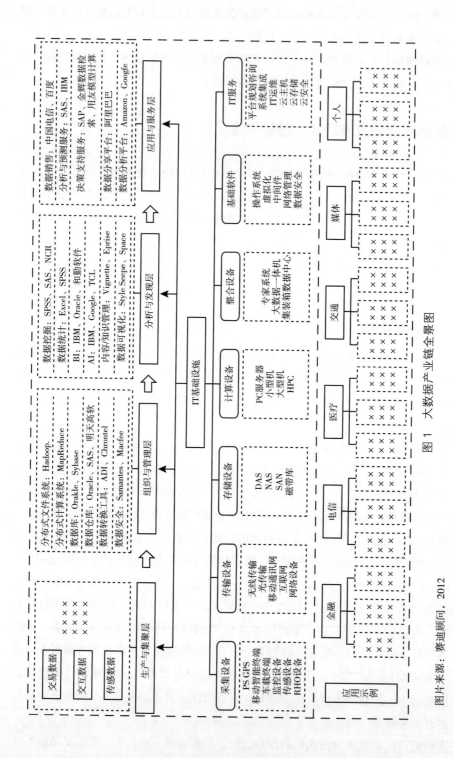

图 1 大数据产业链全景图

图片来源：赛迪顾问，2012

（二）大数据产业的发展趋势

2012 年，FirstMark 资本的 Matt Turck 绘制了大数据产业链趋势全景图 V2.0。该图根据产品和商业模式将数百个大数据创业公司和 IT 厂商划分为基础设施、分析、应用、数据源、跨基础设施分析、开源解决方案六大类共计 38 项。

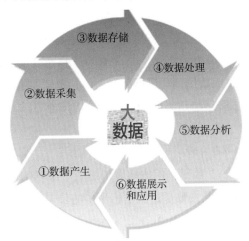

图 2　大数据环形产业链

（图片来源：赛迪顾问，2012）

2014 年，Matt Turck 从一个风险投资者的角度对两年来大数据市场的最新发展进行了深入研判，对未来趋势进行解读并绘制了大数据产业链发展趋势全景图 V3.0，如图 3 所示。

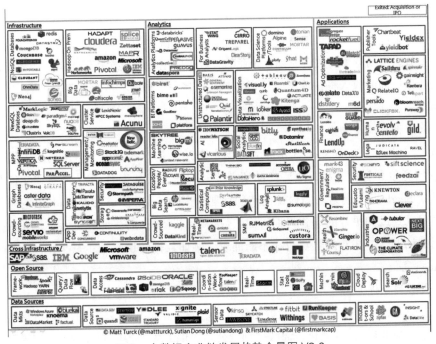

图 3　大数据产业链发展趋势全景图 V3.0

在大数据产业链发展趋势全景图 V3.0 中，一共有 358 家公司，和 V2.0 对比只有 16 家公司被收购或者上市，只占到 4.5% 的份额。其中，退出最多的是数据分析（7.5%）以及基础设施（4%），而数据源和开源解决方案类均无企业退出。从大数据产业链发展趋势全景图 V2.0 版和 V3.0 版的对比分析中可以看出，大数据产业链有几个关键的变化趋势：

1. 竞争加剧

创业者们纷纷涌入大数据市场，尾随的风险投资商也是挥金如土，导致大数据创业市场目前非常拥挤。一些创业项目类别，如数据库（无论是 NoSQL 还是 NewSQL）或者社交媒体分析，目前正面临整合或去泡沫化（随着 Twitter 收购 BlueFin 和 GNIP，社交分析领域的整合已经开始）。虽然大数据创业市场已经人山人海，但是依然有足够的空间给新的创业公司，现阶段大数据基础设施和分析工具领域的创新吸引了大量的资金，当然，这类大数据创业本来就是资金密集型项目。

2. 大数据市场尚处于初期阶段

大数据的概念已经热炒了数年，但该领域依然处于市场的早期阶段。虽然过去几年类似 Drawn 和 Scale 这样的公司失败了，但是相当多的公司已经看到了胜利的曙光，例如 Infochimps、Causata、Streambase、ParAccel、Aspera、GNIP、BlueFinLanbs、BlueKai 等。还有不少大数据创业公司已经形成规模并且获得了海量融资，如 MongoDB 已经募集 2.3 亿美元，Plalantir、Cloudera 分别募集 9 亿美元和 1 亿美元。但是就成功的 IPO 或公司而言，市场尚处于早期阶段。此外，目前阶段一些传统 IT 巨头已经展开了收购大战，如 Oracle 收购 BlueKai、IBM 收购 Cloudant。在很多大数据创业领域，创业公司依然在为市场领袖的地位展开混战。

3. 从炒作回归现实

大数据在经历数年的火热后已经归于平淡，但这恰恰是大数据真正落地的开始。未来几年是大数据市场竞争的关键时期，企业的大数据应用将从概念验证走向生产环境，这意味着大数据厂商的收入将快速增长。当然，这也是一个检验大数据是否真的有"大价值"的时期。

4. 大数据基础设施

虽然 Hadoop 已经确立了其作为大数据生态系统基石的地位，但市场上依然有不少 Hadoop 的竞争和替代产品，这些产品还需要时间完善。基于 Hadoop 分布式文件系统的开源框架 Spark 近来成为人们讨论的热门话题，因为 Spark 能够弥补 Hadoop 的短板，例如提高互动速度和更好的编程界面。而快数据（实时）和内存计算也始终是大数据领域最热门的话题。一些新的热点也在不断涌现，例如数据转换整理工具 Trifacta、Paxata 和 DataTamer 等。

5. 大数据分析工具

就投资者的投资比重来看，大数据分析可谓是大数据市场最活跃的领域。从电子表格到时间线动画再到 3D 可视化，大数据创业公司提供了各种各样的分析工具和界面，有的面向数据科学家，有的选择绕过数据科学家直接面向业务部门。由于不同的企业对分析工具的类型有不同的偏好，因此每个创业公司在自己的细分领域都有机会。

6. 大数据应用

大数据应用的发展进程相对缓慢，但目前阶段大数据确实已经进入了应用层。从大数据产业链发展趋势全景图 V3.0 中可以看到，一些创业公司开发出了大数据通用应用，如大数据营销工具、CRM 工具或防欺诈解决方案等。还有一些大数据创业公司开发出了面向行业用户的垂直应用。金融和广告行业是大数据应用起步最早的行业，甚至在大数据概念出现之前就已经开始了。未来大数据还将在更多行业得到广泛应用，如医疗、生物科技（尤其是基因组学）和教育等。

（三）大数据产业的发展战略与建议

1. 加快大数据开放共享的进度

在大数据时代，国家竞争力将部分体现为一国拥有数据的规模、活性以及该国解释、运用数据的能力，而国家数据主权体现了对数据的占有和控制。2012 年 7 月 10 日，联合国发布的大数据政务白皮书《大数据促发展：挑战与机遇》指出，各国政府应当使用丰富的数据资源，更好地响应社会和经济指标。在大数据时代，数据主权将是继边防、海防、空防之后，另一个大国博弈的空间。

中国在大数据发展方面颇具数量上的优势。但相比于网络大数据和企业大数据的应用，中国对大数据，特别是政府大数据的利用几乎尚未起步，民众和企业几乎无法利用政府的大数据来进行更加全面的决策以提高社会生产力。

根据调研，甚至包括乌拉圭、摩洛哥、摩尔达维亚等小国都已建立了国家级数据开放网站，将政府各部门的数据有机地整合到开放平台上，并进行了详细的分类和说明，网站及时更新，保证数据的时效性和有效性。所涉领域包括农业、气候与天气、基础设施建设、能源、金融与经济、环境、健康、犯罪、政府政策、法律、就业、公众安全、科学与技术、教育、社会与文化、旅游以及交通等。其中，金融与经济、健康、就业、教育等几大类是所调研的 26 个国家几乎都予以公布的数据大类。

在大数据时代各国争夺数据主权的关键时期，我们建议中国政府尽快高度重视制定大数据的国家战略，建立国家级的数据开放网站，逐步开放政府拥有的大数据，让民众利用大数据提高社会生产力。中国作为世界上最大的发展中国家，在数据资源的管理和有效利用方面同样要探索一条符合中国国情的道路，尽快实现跨越式追赶和超越。具体建议有以下三条：

第一，国家层面建立 data.gov.cn 这一国家级的数据开放网站，从数据可获性、可分类性、异源融合、安全性等多角度全面地设计和实施建设大数据开放平台。

第二，成立数据管理的专门部门，建立数据管理的行政体系，通过国家数据平台发布管理制度。通过成立数据管理方面的职能部门，负责管理国家的数据资源。并通过建立数据管理的行政体系，从制度上为数据管理提供良好的规范流程。

第三，建立国家层面的数据标准，进而上升为国际标准。通过制定国家层面的数据资源的采集、存储、处理标准化体系，为国家层面的数据管理提供具体的操作指标。

2. 加快大数据隐私保护的立法

随着大数据时代的到来，收集、处理、传输、利用个人信息越来越简单，在促进社会经济发展、给人们带来便利的同时也给犯罪分子可乘之机，个人数据及隐私安全问题日益凸显。而且，当今社会已出现一些专门收购和买卖个人数据信息的"生意人"或中介机构，信息交易已经呈现出专业化、行业化特点。个人信息的泄露渠道多种多样：商家通过问卷调查、会员登记等方式收集用户信息；消费者在就医、求职、买房、买保险，或办理各种银行卡时填写的个人信息被出售；网络登录申请邮箱、注册进入聊天室或论坛时填写的个人信息被非法搜索或链接；物业泄露业主信息等。可以说，目前个人信息的泄露已经形成了产业链，此外网络流行的"人肉搜索"让公民个人信息无处藏身。而大数据时代，存在于网络空间的多源数据更加复杂多样，信息泄露的渠道将更加虚拟化、抽象化。

目前，中国没有关于个人数据信息保护的专门法律法规，且信息产业的行业力量、行业组织不够强大，企业自律难以实现，政府的调控和保护能力不够强。按现有的法律规定，泄露个人信息造成个人名誉权侵害后果、情节严重的才予以追究责任。对于绝大多数受"骚扰"的人来说，受侵害的后果并不是很明显，也很难追究举证，因此有必要专门制定出台个人信息保护法。另外，个人信息保护刑法条文草案的出台虽然能在一定程度上遏制严重侵犯个人信息的不法行为，但刑法是所有法律的最后屏障，单个条文的刑法显然无法承担起保护个人信息的重任，所以一部个人信息保护法的出台已是众望所归。为此，提出如下三条具体建议：

第一，通过立法在中国尽快建立个人信息和隐私保护制度，为公众创造一个良好的信息和隐私安全环境。

第二，个人信息和隐私保护法是一个涉及宪法、刑法、民法、行政法等多个部门法的综合体系，在刑法条文的细化与完善之外，应同步跟进行政处罚和相关的民事责任，以规制政府部门和金融、电信、交通、医疗等单位泄露个人信息和隐私的行为。

第三，应尽快推行网络实名制登陆等，强制要求现实中的网民在虚拟世界不要忘了自己的责任，从而更规范个人言行。

3. 加快大数据基础设施的建设

基础设施是大数据产业高速发展的前提和保障。因此，中国需要加快推进"宽带中国"战略，加快下一代互联网、4G通信网络、公共无线网络、电子政务网和物联网等网络基础设施的建设。具体而言需要采取以下几个方面的措施：

第一，国家财政加大对大数据基础设施的投入。中国的铁路、公路等基础设施建设正是有了国家财政的大力支持和投入才有了实质的改善，大数据基础设施作为具有很强正外部性的设施，对于社会发展具有基础性带动作用，要从国家战略角度认识大数据基础设施的重要性，中央和地方财政需要充分认识大数据基础设施作为基础性设施的重要性，安排专项预算支出支持相关基础设施建设。

第二，采取基础设施建设优惠政，策鼓励企业加大大数据基础设施建设投入。企业是大数据基础设施的主力军，在大数据环境下，必须采取有效措施鼓励企业特别是民营资本进入大数据基础设施建设，将大数据基础设施建设作为国家重点公共设施项目，对其所得税采取"三免三减半"的税收优惠，即从取得经营收入的第一年至第三年可免交企业所得税，第四年至第六年征收减半。

第三，采取有效金融措施支持大数据基础设施建设。采取有效措施鼓励企业通过发行股票、债券等从资本市场进行大数据基础设施建设融资。鼓励商业银行发放贷款支持大数据基础设施建设，对中小企业参与大数据基础设施进行风险补偿，设立专门担保公司，解决相关企业从银行贷款的担保难问题。政府对相关基础设施建设贷款设立贴息制度，降低基础设施建设的财务成本。

第四，建立产业园区，产生集群效应。中央和地方政府依据客观产业布局，规划大数据产业园区，对入园企业给予房租、水电等费用的优惠，鼓励大数据企业入园创业。

4. 加大大数据人才培养的力度

政府应充分认识大数据的重要性和战略地位，从整个国家的角度积极布局，引导大数据全面发展。当前，大数据虽然受到各行各业的高度关注，但在世界范围内都存在着大数据人才匮乏的现象；因此需要加大跨学科大数据人才项目的支持力度。在国家高等院校、科研机构建立大数据人才培养机制，由国家资助或成立专项基金支持大数据关键技术研究。具体包括以下几项措施：

第一，完善相关专业设置。在计算机或管理学相关学院设置大数据本科专业，根据企业对大数据从业人员专业技能需求，完善专业课程设置，建立产学研用合作机制，加大学校师资技能培训，增强学生课程实用性。根据国家专业硕士发展，在高校研究生院设置大数据专业硕士，鼓励多元知识背景学生报考，培养专业知识扎实、面向应用的大数据人才。加大高层次大数据科研人才培养力度。鼓励大数据企业到高校和科研院所中设立大数据教育奖学金，支持大数据人才的培养。

第二，在相关学科中增加大数据相关课程。一方面，大数据是一个以技术为本的方向，鼓励在数学、计算机科学与技术、软件工程等理工类专业中适当增加大数据相关课程，鼓励相关学科学生在理工技术基础上从事大数据工作。另一方面，大数据是一个应用驱动的领域，正是大规模数据的应用需求让整个社会认识到了数据的价值，要在经济学、金融、管理科学与工程等专业中适当增加大数据应用课程，在应用领域专业学生培养中渗透大数据的理念，推动大数据在应用领域的发展。

第三，建立大数据从业人员认证机制。依托行业协会或者政府部门建立大数据从业人员的认证机制，允许大学在校学生和社会相关从业人员报考，根据需求设置不同门类，并根据难度设置不同的级别。认证要面向应用。

第四，提高大数据从业人员待遇。依据大数据的价值创造能力，给予大数据从业人员与创造价值相符的待遇。对于基础扎实、做出重大创新、具有突出贡献的专家人才要通过设置专门的津贴机制，鼓励从业人员长期从事大数据工作。设立大数据青年人才基金，对在大数据从业的青年人才进行扶持。

—— 参考文献 ——

［1］ Harter T, Borthakur D, Dong S. Analysis of HDFS under HBase: a facebook messages case study［C］// Proceedings of the 12th Usenix conference on File and Storage Technologies. 2014.

［2］ Chen W, Chen Y, Mao Y. Density-based logistic regression［C］// Proceedings of the 19th ACM SIGKDD international conference on Knowledge discovery and data mining. 2013.

［3］ Chen W, Chen Y, Weinberger K Q. Maximum variance correction with application to A* search［C］// Proceedings of the 30th International Conference on Machine Learning. 2013.

［4］ Albrecht C, Merchant A, Stokely M.Janus: Optimal Flash Provisioning for Cloud Storage Workloads［C］// Proceedings of the 2013 Usenix Conference on Technical Conference. 2013.

［5］ Ousterhout J, Agrawal P, Erickson D. The case for RAMClouds: scalable high-performance storage entirely in DRAM［J］. ACM Sigops Operating Systems Review, 2009, 43(4): 92–105.

［6］ Yang D, Zhong X, Yan D. NativeTask: A Hadoop compatible framework for high performance［C］// Proceedings of the 2013 IEEE International Conference on Big Data. 2013.

［7］ Lim H, Han D, Andersen D G. MICA: a holistic approach to fast in-memory key-value storage［J］. Management, 2014, 15(32): 36.

［8］ Murray D G, McSherry F, Isaacs R. Naiad: a timely dataflow system［C］// /Proceedings of the 24th Acm Symposium on Operating Systems Principles. 2013.

［9］ Morstatter F, Pfeffer J, Liu H. Is the Sample Good Enough? Comparing Data from Twitter's Streaming API with Twitter's Firehose［C］// Eprint Arxiv. 2013.

［10］ Leskovec J, Faloutsos C. Sampling from large graph［C］// Proceedings of the 12th Acm Sigkdd International Conference on Knowledge Discovery and Data Mining. 2006.

［11］ Wong P C, Shen H W, Johnson C R. The top 10 challenges in extreme-scale visual analytics［J］. IEEE Engineering in Medicine and Biology Magazine the Quarterly Magazine of the Engineering in Medicine and Biology Society, 2011, 32(4): 63–67.

［12］ Tu S, Kaashoek M F, Madden S. Processing analytical queries over encrypted data［J］. Proceedings of the VLDB Endowment，2015, 6(5): 289–300.

［13］ Yao A C. Protocols for secure computations［C］// Proceedings of the 23rd Annual Symposium on Foundations of Computer Science. 1982.

撰稿人：程学旗　潘柱廷　靳小龙　杨　婧

物联网研究进展

一、引言

信息技术的高速发展显著拓展人类改造客观世界的空间和能力，演变人们认知和控制客观世界的途径和方式，为人类社会的发展带来深层次变革。物联网是一类新型计算机网络技术，基于互联网、传统电信网等信息承载体，让所有能够被独立寻址的普通物理对象实现互联互通。作为连接物理世界和信息空间的桥梁，物联网在 21 世纪初进入人们的视野，该领域的研究同时引起广泛关注，在最近五年取得了丰富的成果。物联网技术向更透彻的感知、更广泛的交互、更深入的智能化方向发展，部分相对成熟的物联网技术和产品已经在生产生活中广泛应用。

物联网具备普通对象设备化、自治终端互联化和普适服务智能化三大特征。从体系结构和功能角度定义，物联网通常分为自底向上四个层次：感知识别、网络构建、服务支撑、应用服务。

感知识别层是信息空间和物理世界交互的接口，融合传感器、无线射频识别（RFID）等多种感知和识别技术，以获取物理对象的状态信息或通过该接口与物理对象交互控制为主要功能。

网络构建层提供通信接口和组网协议，主要功能是连接各种感知识别终端，为数据采集、融合、处理以及控制指令等信息的分发提供信息通路。基于传统互联网和电信网，物联网的构建融合多种通信协议和技术，如 ZigBee、蓝牙（Bluetooth）、近场通讯（Near Field Communication，NFC）等，依据应用场景不同呈多样化发展和共存的状态。

在网络构建层之上，服务支撑层提供面向整合的网络信息服务系统所必需的网络管理、数据处理、功能定制、网络安全、信息共享等各种组件和管理功能，为上层应用和服务的开发提供数据访问和功能定制的接口。

基于对物理对象的感知识别、对感知数据信息的采集处理和对网络智能终端的管理控制，应用服务层向用户提供数据驱动的应用和服务。由于具备桥接物理世界和信息空间的能力，物联网的应用服务往往和生产生活的各种场景密切关联，物联网应用服务的相关研究也因此呈现跨领域、跨学科的特点。

本专题以物联网四层体系结构为索引，以中国在物联网领域取得的研究成果为重点，介绍国内外研究进展，并对物联网科学技术的发展作简要探讨。

二、研究进展

（一）感知识别

感知识别是物联网区别于其他计算机网络系统最独特的部分之一。早期物联网的感知识别主要依靠专门的感知识别设备（如传感器网络、RFID）实现，通过人工方式生成的信息也经常被利用，比如来自智能手机、笔记本电脑的人类行为信息等。近年来，随着无线设备的普及和对无线通信技术的深入研究，非传感器感知（Sensorless Sensing）成为感知识别层面研究的一大热点。

非传感器感知通过目标所处环境中的无线传感网络基础设施实现目标检测。该技术改变了传统感知识别技术中将待检测目标当成一个传感器节点的思路，将待检测目标与环境中越来越多的无线传感器网络解耦，通过间接地研究目标对传感器网络中信号变化的规律来实现检测目的。非传感器感知技术解除了设备绑定这一技术上的束缚，显著提高了感知识别技术的普适性，可以应用于室内定位、安全监控、针对老人和小孩的家庭医疗监护、新型人机交互方式等领域。

中国学者在非传感器感知方面研究了人员对环境中无线信号的影响，分析无线信道物理层特征（Channel State Information，CSI），利用信道冲击响应（Channel Impulse Response，CIR）建模，刻画无线信号在环境中多径传播特性。与传统的接受信号强度指示（Received Signal Strength Indicator，RSSI）相比，CSI 显著地提高了非传感器感知中的检测精度和粒度，扩大了感知区域，增强了感知可靠性。香港科技大学和清华大学的研究人员利用 CSI 的多径分辨能力，区分视距或非视距路径上信号的微弱波动，从而实现单发射机—接收机模型中的全向人员检测；西安交通大学的研究人员利用 CSI 与检测范围内人员数目的变化相关性，提出了一个单调测量指标来刻画 CSI 特征变化与人员数目变化的映射关系，实现了被动式人员数目统计。人员对环境中感知网络的拓扑结构影响也引起了研究人员的关注，使间接地感知人员在环境中的活动特性成为可能，例如通过观测附着在商品上的被动式标签的运动特征，感知和推断客户人员的购物行为习惯。

非传感器感知技术代表了更透彻的感知这一发展趋势，在未来几年将进一步深入应用到人们的日常生活和生产当中。

（二）网络构建

自治终端互联互通是物联网区别于传统智能设备、信息化系统的显著特征之一。大量智能物件通过多种网络形式（如无线低速网、无线宽带网、无源通信网络）进行接入和互联，网络构建相关的通信技术和组网协议是物联网领域一直以来的研究热点。

在无线低速网（包括蓝牙、802.15.4/ZigBee 等）方面，如何进行低功耗通信是该方向的核心问题，国内科研人员围绕如何设计同步或异步的低占空比协议展开了多方面的研究和改进。这一方向的研究，随着物联网技术的进步和应用的普及，在不同阶段关注不同的问题。近几年的研究着眼于物联网在民用、室内场景中的广泛应用，关注异构网络环境和无线冲突、干扰等问题，目的是提高协议的容错和自适应能力，保证物联网系统的能量效率和网络性能。在当前研究工作应对的众多挑战中，比较有代表性的是 2.4G 频段大量异构协议共存，如何在干扰环境下保证协议的性能。Yubo Y 等提出了一种干扰自适应的编码技术，Zheng X 等提出了一种干扰消除的方法，Zhiwei Zhao 等提出了一种高效识别 ZigBee 信号从而避免干扰的方法。另一类有代表性的工作则是针对如何刻画和利用无线链路的属性，提高低功耗通信效率的问题，国内出现了部分相关研究工作。Wang S 等提出了一种基于链路相关性的数据分发方法。此外，国内针对低功耗标准化的组网协议也展开了初步研究。在无线宽带网络方面，北大团队在同频同时全双工组网方向开展研究，并申请了相关专利。

（三）服务支撑

服务支撑层的主要任务涵盖网络管理、信息处理和数据管理。

网络管理是既远又近的话题，远到全球范围的光纤主干网管理，近到家庭局域网的部署配置。物联网的出现再一次给网络管理带来了新的挑战。近年来，学术界在物联网管理方面的研究热点主要集中在网络诊断以及隐私数据保护。

网络诊断主要是指查找大规模传感网中的网络故障。该领域早期工作由国外教授主导。如弗吉尼亚大学的 Kamin Whitehouse 教授提出的 Claivoyant 和 Declarative Tracepoints，他们在传感器节点程序的源代码层构建类似于 GDB 的调试工具，通过断点执行、变量观察、堆栈访问等接口进行代码纠错。加州大学洛杉矶分校的 Deborah Estrin 教授提出的 EmStar 以及中国香港城市大学 Michael R. Lyu 教授提出的 Sentomist 采用仿真的手段进行调试。以上技术主动收集网络组件的运行参数，根据专家知识或者推理工具进行故障判别。

国内学者基于以上成果提出更高效的诊断技术。由于主动收集信息的过程十分复杂，同时会消耗大量的通讯和计算资源，清华大学的刘云浩首先提出变主动为被动来进行故障诊断。他们引入一种数据包标记的机制来高效地获取物联网信息，配合概率推理模型查找网络出错的根源。该团队还发现了传感器节点行为之间的关联性，并提出未知诊断技术检测网络中的未知错误。

隐私数据保护主要是指防止用户的隐私泄露。传统的隐私保护技术同样由国外团队提出。大致可以分为两种方法：一是雪城大学的 Biao Chen 教授以及伊利诺伊大学香槟分校的 Jiawei Han 提出在感知数据中加入独立噪音来使得单一数据不可用；二是哈佛大学的 Sweeney Latanya 教授以及科罗拉多大学博尔德分校的 Dirk Grunwald 教授提出使用 k 匿名的方式保护隐私，也就是将隐私数据隐藏在 k 个可能的数据中。国内西安电子科技大学的李晖教授在此方面有跟进研究。

近年来，国内学者在物联网隐私保护领域有所突破：上海交通大学的朱浩瑾教授发现了传感网中压缩数据收集过程中的隐私泄露问题，并提出了通过调整各个传感器以及接受节点上的测量参数来实现安全的数据传输；中国科学技术大学的邢凯教授提出通过互相协同的回归模型来保护隐私，他们在多个协作者之间进行本地数据预处理，使得最后发送的数据不会暴露隐私。

（四）应用服务

物联网应用从组成形态来看，可分为三类：点状应用、线状应用以及网状应用。

物联网技术的点状应用主要服务于某一社会和民生特定的关注点，或者用于解决一个行业内的某个特定问题。早期的物联网技术应用大都属于点状应用。点状应用来源于具体问题，但由于点状应用着重于解决实际个案问题，因而解决方案常具有 Ad-Hoc 特性，并且网络优势没有充分利用和发挥。

物联网的基础技术，如传感技术、RFID 技术等数十年前就已得到广泛应用。例如，长期以来嵌入式温度传感器广泛地用于工业炉温的采集，利用其采集的数据可以自动控制炉温，提高生产率，改进生产质量。然而传统的传感技术应用常仅限于分散的设备，并不能组成网络进行信息的共享，从而无法进行更大规模的应用和远程的管理。

线状应用是物联网技术在某个社会领域或某个行业内得到的广泛应用，通过领域或行业平台整合，提升了应用的覆盖面和服务效率，实现了对社会领域或产业链的纵向整合，从而形成了线状的物联网应用。

近年来，随着网络技术的发展和互联网应用范围的不断扩展，分散、独立的数据采集装置和手段如传感器、RFID 标签、二维码等通过网络智能地整合在一起，物联网的应用范围不断扩展，形成了领域化、行业化的线状物联网应用，在工业、农业、交通运输、民生服务等领域都涌现了大量线状的物联网应用。

物联网应用推动了工业的转型升级。例如，工程机械行业通过采用 M2M、GPS 和传感技术，实现了百万台重工设备在线状态监控、故障诊断、软件升级和后台大数据分析，使传统的机械制造引入了智能；大庆油田等大型油田采用基于无线传感器技术的温度、压力、温控系统，在油田单井野外输送原油过程中彻底改变了人工监控的传统方式，大大降低了能耗。

物联网在农业资源和生态环境监测、农业生产精细化管理、农产品储运等环节的应用，提高了农业领域的生产效率，提升了农业生产力。例如，北京市把农用无线传感器网络示范应用于温室蔬菜生产中，采用无线传感器网络监控蔬菜的生长情况，获得蔬菜生长的最佳条件，为温室精准调控提供科学依据，从而达到增加作物产量、提高经济效益的目的；国家粮食储运物联网示范工程采用先进的无线传感器网络技术，每年可以节省几亿元的清仓查库费用，同时减少数百万吨的粮食损耗。

物联网可以应用于智能公交、电子车牌、交通疏导、交通信息发布等典型交通运输方面，从而优化运输资源、提升效率。例如，苏州、杭州等多个城市已经实施了基于 GPS 和 RFID 等技术的智能公交系统，可以实时预告公交到站信息；广州试点线路上实现了运力客流优化匹配，使公交车运行速度提高，惠及沿线 500 万居民；中国已有多个示范机场依托 RFID 等技术，实现了航空运输行李等全生命周期的可视化跟踪与精确化定位，使工人劳动强度降低 20%，分拣效率提高了 15% 以上。

物联网在民生服务领域的应用更为广泛。例如，清华大学在无锡新区实施的 CitySee 是目前世界上室外可持续运行的规模最大的无线传感器网络系统；中国大力开展了食品安全溯源体系建设，采用二维码和 RFID 技术，建成了重点食品质量安全追溯系统国家平台和 5 个省级平台，覆盖了 35 个试点城市、789 家乳品企业和 1300 家白酒企业；在医疗卫生方面，加速了社会保障卡、居民健康卡等"医疗一卡通"的试点和推广，将一卡通系统推广到全国 300 多家三甲医院，使大医院接诊效率提高 30% 以上；在智能家居方面，众多企业结合移动互联网技术，推出了以家庭网关为核心，集安防、智能电源控制、家庭娱乐、亲情关怀、远程信息服务等于一体的物联网应用，大大提升了家庭的舒适程度和安全节能水平。

物联网在多个领域和产业的广泛应用，可以进一步形成跨领域、跨行业的应用融合创新，催生新的物联网应用模式和产业链，使各行各业的物联网应用相互链接、相互渗透，从而实现物联网的网状应用。以智慧城市建设为代表的物联网应用是典型的示范性网状应用，也是目前物联网应用的发展趋势。

网状物联网应用所面临的最大挑战来自于应用的复杂性。网状物联网应用是在数以百计的领域和行业应用基础上，通过跨领域、跨行业的应用融合创新而建立，应用依托于海量不同类型、不同应用目的、不同技术特征、不同环境条件的传感器、RFID 标签、控制器及智能仪表等组成部分。网状物联网应用的规划、建设、管理和效率都对现有知识和技术提出了严峻的挑战，同时领域和行业应用融合带来的变革与新的应用创新带来的不确定性更增加了网状物联网应用的复杂性。

三、国内外研究现状比较

物联网技术发源于欧美发达国家，在 20 世纪第一个十年，中国在物联网领域的研究相对于欧美等国始终处于"跟随"地位。进入 2010 年，在"十二五"规划的推动和全国高校、科研院所的积极参与下，中国物联网学科取得了长足发展，在部分方向的多个技术点和一些典型应用领域，中国的研究发展水平已经处于世界领先水平，在物联网技术标准化方面也位于引领国际发展的国家行列。但科研综合水平与欧美发达国家相比，仍有一定距离，特别是在物联网领域的国际顶尖科研成果还不多，具备国际领先水平的科研团队为数也比较少。

在感知识别方面，国内外基本处于相同发展阶段，物联网领域国际著名学术会议上每年都有中国科研人员在该方向的研究成果发表。虽然研究关注点一致，但国外相关研究工作仍然引领着该方向的前沿。最近两年，已经有部分国外研究成果开始关注更细粒度的感知，不仅可以进行定位和识别粗粒度的对象移动，还利用 CSI 实现了对更细粒度的人体姿势、手势、呼吸等微小动作以及日常行为的检测。

在低功耗通信方面，国内外都有了一系列的研究成果。在 2.4G 频段协议共存方面和低功耗协议设计方面，国内研究也紧跟国际最近进展，但仍然需要将低功耗通信协议进一步进行优化，同时推广到不同的通信环境中以满足未来物联网的发展需求。在低功耗通信的标准化方面，还需要进一步紧跟国际形势，加紧研发和制订相应的标准。

在传统高速无线网络通信（如 WiFi 协议）方面，国际上最近出现了一些新的研究进展，比如全双工的无线通信技术，从根本上改变了传统技术中无线通信采用单工通信的方法，实际测试能够达到良好效果。利用全双工无线通信的方法，能够极大地提高无线通信的带宽，为物联网发展中的设备互联提供更强大的支持。目前在这一块，中国的研究人员还相对较少，需要进一步加强。

在应用服务方面，最近一两年国外涌现出一大批基于移动终端的智能应用，创新性很强且贴近可大范围普及的应用场景（如智慧医疗、智慧商店等）。中国虽然拥有大量的移动用户群体、雄厚的物联网产品生产力和庞大的潜在市场，但在物联网应用服务方面出现的应用大多创新性不强，借鉴国外先进经验的案例较多。当前比较突出的机会在智慧城市和智慧家居领域，依靠城市化的全面推进、移动用户数量的稳步增加，大力促进在上述两个领域的物联网应用服务创新研发，有希望为中国在物联网技术的实际应用方面赢得后来居上的机遇。

四、发展趋势和展望

经过十余年的发展，物联网已经形成了较为完整的技术体系，一些有代表性的典型应用也逐步在生产生活中得到普及和推广。展望物联网的发展趋势，可以概括为以下几个方面：在感知识别层面，从有意识部署到无意识协作感知转变，无传感器感知和可穿戴计算等易于部署、无需人的有意识参与或控制的感知技术成为当前的研究热点之一；在网络构建层面，从单一同构的资源受限型网络协议向多元化异构网络环境下的多协议共存形态发展，能量约束这一瓶颈因素有望被最终突破；在服务支撑层面，作为面向物理世界的信息采集者和面向用户的信息提供者的双重特征，使得物联网的系统安全、隐私保障和网络管理诊断等问题日益突出；在应用服务层面，与云计算、大数据的频繁结合运用，使物联网在智能家居、智慧城市、工业 4.0 等行业和领域将得到迅猛发展。

在上述发展趋势中，群智感知和无源感知网络是最具代表性的两个重点研究方向。下面对这两个方向上已取得的研究进展和未来的趋势作简要的介绍和探讨。

（一）群智感知

群智感知网络是近年来出现的新兴技术，特别是利用广泛应用的智能手机、平板电脑等便携移动终端及嵌入的多种传感器实现对周围环境的直接和间接感知，能够有效解决无线传感器网络部署困难、传感器类型有限的问题，是我们未来技术展望的重要方向之一。目前关于各个应用领域的群智感知网络已有大量的研究成果，并提出了很多实际系统。群智感知网络很适用于感知人们日常生活环境的各种信息，以避免各种环境污染带来的伤害、方便人们的生活出行。

CommonSense 系统利用一个便携的手持空气质量感知设备与用户的手机相连，构建了一个城市空气质量监控系统。首先，它通过对参与的普通用户、专家以及管理部门的调研，提出了数据收集和知识表示的设计原则和框架，设计了一个以用户为中心的系统来分析空气质量感知数据。SensorMap 系统利用各个汽车上安装的空气质量感知设备来构建城市空气质量监测网，这个系统主要关注系统实现。Peir 系统充分利用 Web 网的分布式处理能力和用户手机的个人移动感知能力，构建了一个监控用户所处环境的系统，它主要解决和实现四个关键技术，即 GPS 数据收集、基于隐马尔科夫的用户行为分类（Hiden Markov Model based Activity Classfication）、位置数据的自动划分以及环境影响与人行为的关系模型构建。

另一种利用群智感知网络对城市的噪音污染程度进行感知。Rana R K 等利用智能手机中的麦克风和 GPS 传感器来感知和构建城市噪音分布地图，实时监控城市噪音污染情况。首先，基于一个噪音计算模型，利用十阶数字滤波器（Tenth-order Digital Filter），根据手机麦克风采集的感应电压值来计算噪音水平。其次，由于感知用户的不可控性和不可靠性导致感知数据不完全，大部分位置都没有感知数据利用噪音感知数据在空间的相关性，基于压缩感知（Compressive Sensing，CS）方法，将稀疏的感知数据恢复成完整的噪音地图。

CarTel 系统利用汽车上配备的专有设备（如 GPS、摄像头以及 WiFi 检测器）对道路情况进行感知，如道路交通、道路周边 WiFi 接入点的通信质量等。在这个系统中，各个汽车利用携带的传感器和计算设备采集和局部处理感知数据，然后通过公共无线网络（如 WiFi）将感知数据传到中心数据库，便于进一步的分析和可视化显示，为各个用户提供交通情况的实时查询服务。同时，这个系统在一个基于 6 台汽车上的小型部署系统中运行了一年。由于 CarTel 系统要求各个汽车配备专有的传感器，成本较高。为了解决这个问题，Nericell 系统充分地利用汽车驾驶员手机上的各种传感器（如加速度计、GPS、麦克风、蜂窝信号检测器等），无需额外的专有设备和部署就能对城市交通和道路质量（如凹凸不平）进行监控。Mohan P 等主要侧重于研究 Nericell 系统的感知模块。首先，针对手机中加速度传感器的感知数据无方向性，提出了一种虚拟定向算法来确定加速度感知数据的方向，并基于一个简单的阈值来检测道路的颠簸和空穴；其次，利用手机中麦克风感知数据来识别喇叭蜂鸣声；然后，提出了一种利用手机感知的蜂窝基站信息对手机进行粗略定位方法，以便于节能；最后，为了进一步的节能，提出了一种触发感应技术（Triggered Sensing），利用低耗能传感器的连续感知来触发高耗能传感器，从而减少高耗能传感器的感知频率和次数。由于 GPS 传感器耗能大，同时在很多环境下 GPS 感知数据不可获得（如建筑物密集的街道中），针对这个问题，VTrack 系统仅仅利用手机上低耗能的 WiFi 信号检测器来估计城市交通的拥塞情况。针对 WiFi 信号定位误差大的问题，该系统利用基于隐马尔可夫的地图匹配机制和行走时间估计方法，对稀疏感知数据进行插值以识别出用户最大可能经过的路径，同时将行走时间匹配到该路径中。

上海交通大学研发的 CrowdAtlas 系统针对当前电子地图更新不及时、更新成本高的问题，利用城市中大量用户手机和汽车的 GPS 传感器感知数据来构建一个实时更新的城市道路地图。首先，利用基于隐马尔可夫的地图匹配算法检测 GPS 感知数据与当前地图道路之间是否有差异，如果检测到存在，则用一种基于聚类的地图推理算法将新的道路轨迹更新到地图中。

清华大学和新加坡南洋理工大学的研究团队提出了一种基于群智感知网络的公交车到达时间实时预测感知系统，主要利用各个公交车上众多乘客的手机自动感知和上传当前位置和时间等信息到中心服务器，从而使中心服务器可以对公交车的到达时间进行准确、实时预测。首先，利用手机的麦克风来感知公交车 IC 卡阅读器的蜂鸣声，从而来检测用户是否上了公交车。如果检测到已上公交车，则用户的手机自动地感知周围附近的蜂窝基站 ID 号；然后提出了一种 top-k 蜂窝基站集合序列匹配算法来区分不同的基站序列，并匹配到各个公交车路线上；最后，中心服务器利用收集的用户感知数据以及当前交通状况信息，准确地预测公交车的到达时间。

清华大学软件学院的研究团队利用群智感知方法，实现了室内地图的构建和精准定位，同时关注群智用户的隐私保护，实现了无干预数据采集状态下的精确地图构建。该研究团队还和中国科学技术大学联合研发了利用手机麦克风和加速度传感器实现用户之间方向角度及距离的联合高精度定位。北京大学的研究团队利用用户的拍照姿态、位置分析估计，结合图像处理技术，有效构建了室内建筑物的轮廓，为室内高精度定位在群智感知方向上的研究提供了新思路。西安交通大学的研究团队利用 RFID 反射信号的差异及大规模标签的部署特点，有效地分析了周围环境特征，特别是针对人数的变化特征提取了重要的信号特征参数及匹配模型，能够有效地发现周围环境中人员数目变化。

群智感知计算已成为互联网的一种新型应用模式和发展趋势，对数据采集与处理、网络体系结构、自主协作方式、信息挖掘等多个方面提出了挑战。2013 年，国家自然科学基金委员会抓住这个趋势，适时推出"群智感知网络理论与关键技术"重点项目群，重点资助与"群智感知"紧密相关的基础理论、方法与技术研究。具体来说，该项目群研究群智计算的网络系统结构、数据组织与挖掘等，探索新型感知网络的信息收集与处理技术，突破大规模自组网络建设的关键技术，主要研究方向包括：群体感知中异构同源数据管理与社会化融合；移动社交中感知数据收集的机会路由与交互式内容移交；基于群体无意识协作的社会事件地理信息推断及空间关联；基于选择性注意的交叉感知信息认知计算。经过严格筛选，来自北京邮电大学、西北工业大学、西安交通大学、公安部第三研究所、香港理工大学以及中国科学技术大学的研究人员获得该项目资助，自 2014 年起开展研究工作。另外，"973"计划也开展了对群智感知研究工作的资助，并将"群智"纳入 2015 年"973"项目申报指南中。

（二）无源感知

无源感知网络是指由无源感知节点组成的网络，节点自身不配备或不主要依赖自身的电源设备供电，而是从环境中获取支撑其计算、感知和无线通信的能源。这些能源可能来自光能、运动能以及更为广泛的电磁能，利用电磁能的结点甚至不具备显著的收发器，而是利用自身天线对电磁波的反射信号进行信号加载。正如它的名字一样，无源感知网络包含能量、感知和联网三个方面研究内容。

首先，无源感知网络要面临的最大挑战是高效的环境能量获取问题，最直接能想到的能源是电磁能。第二次世界大战期间就有利用电磁能的无源 RFID 被动标签了，是雷达技术在民用方面的扩展。今天 RFID 技术已经广泛应用于物流、访问控制、电子支付等诸多行业。2005 年，Intel 西雅图研究院提出标签结合无线充电技术，从 RFID 阅读器的连续波中获取能量，研发了 WISP（Wireless Identification and Sensing Platform）新技术。WISP4.0 采用了 MSP430 低功耗微处理器，具有 32K 编程空间和 8K 的存储空间。采用与商业化被动标签一样的反射通信（Backscatter Communication）技术，集成了温度、光度、湿度和加速度传感器，并且可以扩展集成电流小于 50 微安的任何传感器。美国华盛顿大学研究团队在 2013 年 SIGCOMM 大会提出了最新的进展 Ambient Backscatter，不同于传统反射通信依托阅读器发送固定载波来获取能量，Ambient Backscatter 提出了一种新思路。它利用环境中现存的一些无线信号来获取能量从而进行通信，在文章中介绍了他们利用电视信号使得无源标签能够互相联网的尝试。2014 年通过反射通信和泛在能量吸收的工作达到顶峰，Ambient Backscatter 小组采用了多天线的设计提出涡轮增压充电，使得数据传输速率提高100 倍（达到 1Mbps），通信距离提高 10 倍（达到 800feet）；WiFi Backscatter 提出从普通的 WiFi 访问点上获得能量等一系列的工作。

其次，无源感知网络挑战来自于感知。无源感知节点由于能源的来源不稳定，要考虑的问题就不是如何节能而是要尽可能把感知工作做起来，如现在的 WISP 和 Ambient

Backscatter 优先集成低能耗的传感器环境进行检测。举例来说，WISP 应用到智能物流中心，对诸如疫苗类温度敏感的货物进行全程实时跟踪监测，保证这些货物满足传输要求。集成大容量电容的 WISP 标签还可以在离线（远离能量供给源）的情况下利用存储的容量对昆虫等生物进行 24 小时生命活动的监测，并在它们返巢时读取感知数据和能量补给。这还都在探索阶段，更多的低耗传感器还会逐步开发出来。为了突破传感器用电量的门槛，可以利用节点对环境的反应作为感知依据，达到一定的感知效果。仅就标签能否被阅读器识别到，可以对目标对象进行位置和状态推断，就可以在很多典型应用场景例如智能交通、智慧家居、物流监测、仓库管理等做不少事情。

节点联网是无源感知网络的最后一个挑战。标签自身能源匮乏，节点本身的运算和通信都非常困难，实现它们之间的连接更是难上加难。这种节点连接的网络称为"弱联网"，因为节点和节点之间只能发送非常有限的数据。华盛顿大学的 Ambient Backscatter 实现了节点之间的通信，而 WiFi Backscatter 则非常巧妙地实现了无源节点和手机之间的通信。

综上所述，无源感知网络逐步发展为无线通信与网络发展的新的研究方向，相关研究工作在近三年的顶级国际会议和期刊上出现爆炸式增长。国内在这方面研究相对空缺。针对这一现状，国家自然科学基金委在 2014 年推出了"无源感知网络"重点项目，重点资助无源感知网络的关键技术、基础理论和应用前景的前瞻性研究，来自浙江工业大学、清华大学和北京理工大学联合申请的项目"无源感知网络基础理论与关键技术"获得批复。项目将从 2015 年启动，历时四年，重点探索无源节点电磁能量平稳供给、无源环境感知、弱联网节点组网和无源感知网络数据传递的关键理论和技术。

—— 参考文献 ——

[1] Zhou Z, Yang Z, Wu C, et al. Towards omnidirectional passive human detection [C] //Proceedings of IEEE INFOCOM 2013. Turin, Italy: IEEE, 2013.

[2] Xi W, Zhao J, Li X Y, et al. Electronic frog eye: Counting crowd using WiFi [C] //Proceedings of IEEE INFOCOM 2014. Toronto, Canada: IEEE, 2014.

[3] Han J, Ding H, Qian C, et al. Cbid: A customer behavior identification system using passive tags [C] //Proceedings of IEEE ICNP 2014. North Carolina, USA: IEEE, 2014.

[4] Guo P, Cao J, Zhang K, et al. Enhancing zigbee throughput under wifi interference using real-time adaptive coding [C] // Proceedings of IEEE INFOCOM 2014. Toronto, Canada: IEEE, 2014.

[5] Yan Y B, Yang P L, Li X Y, et al. Zimo: Building cross-technology mimo to harmonize zigbee smog with wifi flash without intervention [C] //Proceedings of ACM MobiCom 2013. Miami, USA: ACM, 2013.

[6] Zheng X, Cao Z, Wang J, et al. ZiSense: towards interference resilient duty cycling in wireless sensor networks [C] // Proceedings of ACM SenSys 2014. Memphis, USA: ACM, 2014.

[7] Zhao Z, Dong W, Bu J, et al. Exploiting link correlation for core-based dissemination in wireless sensor networks [C] // Proceedings of IEEE SECON 2014. Singapore: IEEE, 2014.

[8] Wang S, Kim S M, Liu Y, et al. Corlayer: A transparent link correlation layer for energy efficient broadcast [C] //

Proceedings of ACM MobiCom 2013. Miami, USA: ACM, 2013.

［9］ Zhu T, Zhong Z, He T, et al. Exploring Link Correlation for Efficient Flooding in Wireless Sensor Networks［C］// Proceedings of NSDI 2010. San Jose, USA: USENIX, 2010.

［10］ Liang C J M, Priyantha N B, Liu J et al. Surviving Wifi interference in low power zigbee networks［C］//Proceedings of ACM SenSys 2010. New York, USA: ACM, 2010.

［11］ Bharadia D, McMilin E, Katti S. Full duplex radios［C］//Proceedings of ACM SIGCOMM 2013. HongKong, China: ACM, 2013

［12］ Kellogg B, Parks A, Gollakota S, et al. Wifi Backscatter: Internet connectivity for RF-powered devices［C］// Proceedings of ACM SIGCOMM 2014. Chicago, USA: ACM, 2014.

［13］ Yang J, Soffa M L, Selavo L, et al. Clairvoyant: a comprehensive source-level debugger for wireless sensor networks［C］// Proceedings of ACM SenSys 2007. Sydney, Australia: ACM, 2007.

［14］ Cao Q, Abdelzaher T, Stankovic J, et al. Declarative tracepoints: a programmable and application independent debugging system for wireless sensor networks［C］//Proceedings of ACM SenSys 2008. Raleigh, North Carolina, USA: ACM, 2008.

［15］ Girod L, Elson J, Cerpa A, et al. EmStar: A software environment for developing and deploying wireless sensor networks［C］//Proceedings of USENIX Annual Technical Conference, General Track 2004. Boston, USA: USENIX, 2004.

［16］ Zhou Y, Chen X, Lu M R, et al. Sentomist: Unveiling transient sensor network bugs via symptom mining［C］// Proceedings of IEEE ICDCS 2010. Genoa, Italy: IEEE, 2010.

［17］ Liu K, Ma Q, Zhao X, et al. Self-diagnosis for large scale wireless sensor networks［C］//Proceedings of IEEE INFOCOM 2011. Shanghai, China: IEEE, 2011.

［18］ Liu Y, Liu K, Li M. Passive diagnosis for wireless sensor networks［J］. IEEE/ACM Transactions on Networking (TON), 2010, 18(4): 1132–1144.

［19］ Miao X, Liu K, He Y, et al. Agnostic diagnosis: Discovering silent failures in wireless sensor networks［C］// Proceedings of IEEE INFOCOM 2011. Shanghai, China: IEEE, 2011.

［20］ Huang Z, Du W, Chen B. Deriving private information from randomized data［C］//Proceedings of ACM SIGMOD 2005. Baltimore, USA: ACM, 2005.

［21］ Ahmadi H, Pham N, Ganti R, et al. Privacy-aware regression modeling of participatory sensing data［C］// Proceedings of ACM SenSys 2010. Zurich, Switzerland: ACM, 2010.

［22］ Sweeney L. k-anonymity: A model for protecting privacy［J］. International Journal of Uncertainty, Fuzziness and Knowledge-Based Systems, 2002, 10(5): 557–570.

［23］ Gruteser M, Grunwald D. Anonymous usage of location-based services through spatial and temporal cloaking［C］// Proceedings of ACM MobiSys 2003. San Francisco, USA: ACM, 2003.

［24］ Niu B, Li Q, Zhu X, et al. Achieving k-anonymity in privacy-aware location-based services［C］//Proceedings of IEEE INFOCOM 2014. Toronto, Canada: IEEE, 2014.

［25］ Hu P, Xing K, Cheng X, et al. Information leaks out: Attacks and countermeasures on compressive data gathering in wireless sensor networks［C］//Proceedings of IEEE INFOCOM 2014. Toronto, Canada: IEEE, 2014.

［26］ Xing K, Wan Z, Hu P, et al. Mutual privacy-preserving regression modeling in participatory sensing［C］// Proceedings of IEEE INFOCOM 2013. Turin, Italy: IEEE, 2013.

［27］ Pu Q, Gupta S, Gollakota S, et al. Whole-home gesture recognition using wireless signals［C］//Proceedings of ACM MobiCom 2013. Miami, USA: ACM, 2013.

［28］ Liu X, Cao J, Tang S, et al. Wi-Sleep: Contactless sleep monitoring via Wifi signals［C］//Proceedings of IEEE RTSS 2014. Rome, Italy: IEEE, 2014.

［29］ Wang Y, Liu J, Chen Y, et al. E-eyes: device-free location-oriented activity identification using fine-grained Wifi signatures［C］//Proceedings of ACM MobiCom 2014. Maui, USA: ACM, 2014.

［30］ Wang G, Zou Y, Zhou Z, et al. We can hear you with Wifi!［C］//Proceedings of ACM MobiCom 2014. Maui, USA: ACM, 2014.

［31］ Willett W, Aoki P, Kumar N, et al. Common sense community: scaffolding mobile sensing and analysis for novice users［C］//Proceedings of 8th International Conference, Pervasive 2010. Helsinki, Finland: Springer Berlin Heidelberg, 2010.

［32］ Völgyesi P, Nádas A, Koutsoukos X, et al. Air quality monitoring with sensormap［C］//Proceedings of IEEE IPSN 2008. Louis, USA: IEEE, 2008.

［33］ PEIRsystem［EB/OL］. http:rtpscs.scag.ca.gov/Pages/Final–2012–PEIR.aspx, 2012–04–04.

［34］ Rana R K, Chou C T, Kanhere S S, et al. Ear–phone: an end–to–end participatory urban noise mapping system［C］// Proceedings of IEEE IPSN 2010. Stockholm, Sweden: IEEE, 2010.

［35］ Maisonneuve N, Stevens M, Ochab B. Participatory noise pollution monitoring using mobile phones［J］. Information Polity, 2010, 15(1, 2): 51–71.

［36］ Hull B, Bychkovsky V, Zhang Y, et al. CarTel: a distributed mobile sensor computing system［C］//Proceedings of ACM SenSys 2006. Boulder, USA: ACM, 2006.

［37］ Mohan P, Padmanabhan V N, Ramjee R. Nericell: rich monitoring of road and traffic conditions using mobile smartphones［C］//Proceedings of ACM SenSys 2008. Raleigh, USA: ACM, 2008.

［38］ Thiagarajan A, Ravindranath L, LaCurts K, et al. VTrack: accurate, energy–aware road traffic delay estimation using mobile phones［C］//Proceedings of ACM SenSys 2009. Berkeley, USA: ACM, 2009.

［39］ Wang Y, Liu X, Wei H, et al. CrowdAtlas: self–updating maps for cloud and personal use［C］//Proceeding of ACM MobiSys 2013. Taipei, Taiwan: ACM, 2013.

［40］ Zhou P, Zheng Y, Li M. How long to wait?: predicting bus arrival time with mobile phone based participatory sensing ［C］//Proceeding of ACM MobiSys 2012. Low Wood Bay, UK: ACM, 2012.

［41］ Yang Z, Wu C, Liu Y. Locating in fingerprint space: wireless indoor localization with little human intervention［C］// Proceeding of ACM MobiCom 2012. Istanbul, Turkey: ACM, 2012.

［42］ Chen X, Wu X, Li X Y, et al. Privacy–preserving high–quality map generation with participatory sensing［C］// Proceedings of IEEE INFOCOM 2014. Toronto, Canada: IEEE, 2014.

［43］ Huang W, Xiong Y, Li X Y, et al. Shake and walk: Acoustic direction finding and fine–grained indoor localization using smartphones［C］//Proceedings of IEEE INFOCOM 2014. Toronto, Canada: IEEE, 2014.

［44］ Gao R, Zhao M, Ye T, et al. Jigsaw: Indoor floor plan reconstruction via mobile crowdsensing［C］//Proceedings of ACM MobiCom 2014. Maui, USA: ACM, 2014.

［45］ Ding H, Han J, Liu A X, et al. Human object estimation via backscattered radio frequency signal［C］//Proceedings of IEEE INFOCOM 2015. Hong Kong, China: IEEE, 2015.

［46］ Buettner M, Prasad R, Sample A, et al. RFID sensor networks with the Intel WISP［C］//Proceedings of ACM SenSys 2008. Raleigh, North Carolina, USA: ACM, 2008.

［47］ Liu V, Parks A, Talla V, et al. Ambient backscatter: wireless communication out of thin air［C］//Proceedings of ACM SIGCOMM 2013. Hong Kong, China: ACM, 2013.

［48］ Wang J, Katabi D. Dude, where's my card?: RFID positioning that works with multipath and non–line of sight［C］// Proceedings of ACM SIGCOMM 2013. Hong Kong, China: ACM, 2013.

［49］ Occhiuzzi C, Paggi C, Marrocco G. Passive RFID strain–sensor based on meander–line antennas［J］. IEEE Transactions on Antennas and Propagation, 2011, 59(12): 4836–4840.

［50］ Lee Y, Bang S, Lee I, et al. A Modular 1 mm Die–Stacked Sensing Platform With Low Power I C Inter–Die Communication and Multi–Modal Energy Harvesting［J］. IEEE Journal of Solid–State Circuits, 2013, 48(1): 229–243.

［51］ Zhang P, Ganesan D. Enabling bit-by-bit backscatter communication in severe energy harvesting environments［C］// Proceedings of NSDI 2014. Seattle, USA: USENIX, 2014.

［52］ Parks A N, Liu A, Gollakota S, et al. Turbocharging ambient backscatter communication［C］//Proceedings of ACM SIGCOMM 2014. Chicago, USA: ACM, 2014.

［53］ Kellogg B, Parks A, Gollakota S, et al. Wifi Backscatter: Internet connectivity for RF-powered devices［C］// Proceedings of ACM SIGCOMM 2014. Chicago, USA: ACM, 2014.

撰稿人：刘云浩　何　源

深度学习研究进展

一、引言

　　互联网的迅速发展和大数据的出现给机器学习带来了新的机遇和挑战。对于机器学习而言，大数据之"大"一方面体现在特征维数非常高，如图像、语音和文本通常是成千上万维，另一方面数据量非常大，通常是百万、千万甚至上亿量级的数据，并且一般缺少标签、不够精确。高维数据带来了所谓"维数灾难"问题，各种算法容易出现过拟合的现象，其中的关键问题是高维函数远比低维函数复杂。传统机器学习研究主要关注分类或预测模型的设计，而把特征提取的任务留给领域专家。深度学习利用包含多个隐层的人工神经网络来进行学习，隐含节点对应了输入信号变换后的特征，并且是逐层抽象的，所学到的特征对数据有更本质的刻画。深度学习可以充分利用大数据的特点，自动学习不同抽象层度的特征表示，突破了传统机器学习的瓶颈。2014 年 4 月，*MIT Technology Review* 将深度学习列为 2013 年十大突破性技术之首。目前，深度学习在图像分类、语音识别、自然语言处理等方面取得了巨大的成功，已成为互联网大数据和人工智能的一个新的研究热潮。

二、国内研究进展

　　国内关于深度学习的研究在学术界和工业界均有开展。2013 年 1 月，百度宣布成立深度学习研究院（IDL）。百度研究院常务副院长余凯领导的团队率先开展了深度学习方面的研究和成果转化，目前已经有超过 8 项深度学习技术在百度产品上线，尤其在稀疏编码方面取得了公认的成果。他们设计了一个三维 CNN 来识别人体动作，在 TRECVID 和 KTH 上都取得了很好的实验效果。华为诺亚方舟实验室的研究人员设计了一个新的深度神经网络结构来学习短句的匹配（如问答系统）。微软的研究人员提出了一个上下文相关的结合深度神经网络与隐马尔可夫模型的模型（CD-DNN-HMM）用于语音识别，在SWBD-I 数据集上取得了很好的效果。

香港中文大学汤晓鸥和王晓刚团队从 2011 年开展深度学习研究，将深度学习模型应用于人脸识别、行人检测、姿态估计、人体图像分割、通用物体识别和检测、互联网图像检索等，取得了一系列先进成果。尤其是他们研发的 DeepID、DeepID2 人脸识别技术在 LFW（Labeled Faces in the Wild）数据库上获得了当前最高识别率。香港城市大学的团队设计了一个基于卷积神经网络的多任务模型 HMLPE，应用于人体姿态估计，在 Buffy Stickmen、ETHZ Stickmen 等数据集上取得了有竞争力的结果。

清华大学张长水研究团队提出了一种改进的卷积神经网络训练方法，在交通标志识别数据集上取得了 99.65% 的当前最高识别率，并针对音乐数据构建了深度信念网络和级联自编码器的混合模型，在古典作曲家分类任务上取得了 76.26% 的当前最高识别率。清华大学孙茂松研究团队提出了基于递归自动编码器（Recursive Autoencoder）的调序模型，通过计算变长字符串分布式表示缓解了数据稀疏和特征设计问题，提高了基于反向转录文法和基于短语的翻译系统性能。清华大学胡晓林等人提出给 HMAX 模型加上稀疏性约束，使得 HMAX 在图像分类任务上性能得到大幅提升，他们构建的一个逆分层模型在预测图像显著性方面也得到了不错的结果。清华大学张钹和朱军研究团队提出了 Dropout-SVM。中国科学技术大学陈恩红研究团队提出了一种稀疏自编码器（Sparse Autoencoder）来进行图像去噪，取得很好的结果。北京大学吴玺宏研究团队实现了不需要事先对序列数据切分的 DNN-HMM 模型训练，提出了基于 DNN 得到声学状态向量表示的决策树聚类算法，从而实现了在没有 GMM 的基础上得到上下文相关的建模单元，通过引入词性信息在一定程度上解决了汉语中一词多义和同形异义的问题。北京大学谢昆清研究团队提出了基于异质多任务深度学习的交通流量预测方法。哈尔滨工业大学和微软研究院合作的团队提出了图像检索的深度神经网络模型，提升了 Bing 的图像检索效果。清华大学和微软研究院合作的研究团队设计了词表示学习的一种深度模型，在 WordSim-353 等数据集上大幅提高了词表示学习的有效性。

中科院自动化所刘成林和向世明研究团队提出了一种可嵌入多尺度卷积核的深层卷积神经网络模型，提高了网络对不同尺度的视觉目标的描述能力；随后他们提出了一种平行深层卷积神经网络模型，在基于遥感图像的城市车辆目标检测的应用中验证了该模型的实用性。中科院自动化所谭铁牛研究团队提出了一种多任务深度神经网络模型，通过为每个类别标签附加"正"和"负"节点来扩展网络的多标签学习性能，并在自然图像标注中取得了较高的标注精度。中科院自动化所李子青研究团队使用双卷积神经网络学习了非线性度量，在 VIPeR、PRID 2011 等数据库上取得了很好的效果；同时，他们研究了跨库（Cross Dataset）条件下的行人再识别问题，验证了该技术的实用性。中科院计算所陈熙霖研究团队提出了一种深度耦合神经网络（Deeply Coupled Autoencoder Networks）用以处理图像的多视角分类问题，在 MultiPIE 等数据集上取得了很好的结果。中科院声学所颜永红研究团队提出了一种利用循环式神经网络语言模型（Recurrent Neural Network–based Language Models）在语音识别词网上重打分的算法。中科院计算技术研究所陈云霁和陈天石研究团队设计了寒武纪神经网络计算机，分别获得 ASPLOS'14、MICRO'14 最佳论文奖。

在深度学习的理论方面，南京大学周志华研究团队对多种 Dropout 的 Rademacher complexity 进行了分析，证明了 Dropout 使得单层神经网络的 Rademacher complexity 有多项式级的下降，而在深度神经网络下有指数级的下降。

三、国内外发展比较

事实上，早在 1989 年 LeCun 等人就发表了卷积神经网络的工作，并在手写数字识别中取得当时世界最好结果。2006 年 Hinton 等人在 Science 上发表了深度学习开创性的论文，这项工作表明，深度神经网络可以通过自学习得到优异的特征，对数据有更本质的刻画，有利于可视化或分类；复杂的深度神经网络可以利用大量的无标签数据，通过逐层预训练有效克服训练的困难。为计算受限玻尔兹曼机（Restricted Boltzmann machine）中的模型期望，Hinton 等人提出了一种 Contrastive Divergence 方法来近似 Gibbs Sampling。随后，稀疏自编码器、去噪自编码器、深度玻尔兹曼机等相继提出。2010 年，Hinton 等人提出了整流线性单元来替代神经网络中常用的 sigmoid 函数，可有效提高网络训练速度，避免梯度消失现象，甚至不用非监督的预训练也可以取得非常好的结果，目前已得到广泛应用。为避免过拟合，2012 年 Hinton 等人还提出了一种简单高效的 Dropout 方法。在大规模的学习方面，Google 的 Jeffrey Dean 等人提出了一个基于 CPU 的并行异步框架 DistBelief 来训练深度神经网络。Andrew Ng 团队以 GPU 集群成功进行了猫脸识别。2014 年，著名理论计算机科学家 Arora 等人设计了一个逐层学习的算法，并证明该算法可以以大概率在多项式时间内，利用不超过 3 次多项式个样本，输出一个与真实分布接近的模型。近年来，基于深度学习的算法在图像、语音、自然语言处理等方面取得了巨大的成功，获得了学术界和工业界的高度关注和广泛重视。

目前，国际上深度学习的研究发展迅猛。尽管国内研究开展时间不长，与国际先进水平还有差距，但在个别方向取得了突破性进展，已经引起广泛关注和重视。相信经过广大研究人员的努力有望赶超国际先进水平。

四、发展趋势与展望

深度学习已成为当前的热点，并有望引领未来的研究发展方向。表面上看，似乎与 20 多年前的多层神经网络区别不大，理论上只含一个隐层的前馈网络可以在闭区间上一致逼近任意连续函数。也就是说，对于任意非线性函数，浅层网络和深度网络都能得到足够好的表示。但是深度模型可以将复杂函数分解为简单函数的逐层组合，这样所需参数以及训练样本就少。Bengio 认为深度学习最重要的目的就是学习一个好的数据表征。尽管深度学习在许多应用领域取得了巨大成功，但是如何构建一套坚实的理论基础仍然任重道远。

分层网络结构和对应的学习算法是深度学习的核心问题。结构决定潜力，学习算法在于挖掘这种潜力。人类视觉的物体识别过程主要由腹部通道完成。从 V1 区到 V2 区的简单特征处理，到 V4 区、PIT 区和腹部通道最高级别的 AIT 区的高层处理，腹部通道的物体识别过程是一个由简单到复杂的分层加工过程。我们觉得，深度神经网络在物体表达和识别方面的巨大成功，可能正是从某种侧面揭示和利用了这种分层架构固有的潜力。2013 年，MIT 的 Poggio 系统分析了分层模型所学习的"由简单到复杂的不变量"。当前，场景理解中广泛使用的分层条件随机场优化框架、George 和 Hawkins 基于神经生理提出的物体表达和识别模型 HTM，也体现出巨大的潜力和优势。所以，可能"深度分层结构"是问题的本质，同时"隔层输入"（而不是目前主流方法的逐层输入）和"高层反馈"网络结构构建和对应的学习算法可能是今后一项需要深入研究的内容。

在具体实现方面，我们需要多少训练样本才能学习到足够好的深度模型？事实上，对于给定的训练样本集，要找到精确匹配的网络模型是 NP 难问题。由于深度模型都是非凸函数，是否有更好的优化算法？针对具体应用问题，如何设计适合的深度模型？比如涉及结构化信息的自然语言处理如何建模？如何确定网络层数、每层节点数、初始化参数？这些广受诟病的问题，在深度网络中依然存在，需要更多的经验和技巧。另外，现有训练方法大都采用随机梯度法，无法在多个计算机之间并行。即使采用 GPU，其训练时间也非常漫长，比如训练几千小时的声学模型可能需要几个月时间。因此，研发适合深度网络快速学习的软硬件和优化算法将是其中的一个重要课题。

五、结束语

总之，大数据的出现给机器学习带来了新的机遇和挑战。深度学习可以充分利用大数据的特点，自动学习不同抽象层度的特征表示，突破了传统机器学习的瓶颈，可望揭示这种"多样化"的信息处理机制。目前，国际上正在兴起的模拟脑计划，如美国 2013 年启动的为期 10 年耗资 10 亿美元的"BRAIN"计划、欧共体 2013 年启动的为期 10 年耗资 10 亿欧元的 Human Brain Project，将为深度网络提供更多的脑网络结构和认知基础。同时，深度学习也将为揭示脑信息加工机理提供计算和模拟手段。随着研究的深入，深度学习将引领未来的发展方向，促进神经科学与计算机科学的交叉融合，并有望加速推进人工智能向前发展，可望成为智能信息处理的一种颠覆性技术。

—— 参考文献 ——

［1］ Friedman J. On Bias, Variance, 0/1—Loss, and the Curse-of-Dimensionality［J］. Data Mining and Knowledge Discovery, 1997,1(1):55-77.

［2］ 余凯，贾磊，陈雨强，等. 深度学习的昨天、今天和明天［J］. 计算机研究与发展, 2013,50（9）：1799-1804.

［3］ Yu K. Large-scale deep learning at Baidu［C］//ACM International Conference on Information and Knowledge Management.2013.

［4］ Lin Y, Zhang T, Zhu S, et al. Deep coding network［C］//Proceedings of the 27th International Conference on Machine Learning.2010.

［5］ Yu K, Lin Y, Lafferty J. Learning image representations from the pixel level via hierarchical sparse coding［C］//IEEE Conference on Computer Vision and Pattern Recognition. 2011.

［6］ Ji S, Xu W, Yang M, et al. 3d convolutional neural networks for human action recognition［J］. IEEE Transactions on Pattern Analysis and Machine Intelligence, 2013,35(1):221-231.

［7］ Yu D, Seide F, Li G. Conversational speech transcription using context-dependent deep neural networks［C］//Proceedings of the 29th International Conference on Machine Learnin.2012.

［8］ Sun Y, Wang X, Tang X. Deep learning face representation from predicting 10,000 classes［C］//IEEE Conference on Computer Vision and Pattern Recognition. 2014.

［9］ Luo P, Tian Y, Wang X, et al. Switchable Deep Network for Pedestrian Detection［C］//IEEE Conference on Computer Vision and Pattern Recognition.2014.

［10］ Li W, Zhao R., Xiao T, Wang X. DeepReID: Deep Filter Pairing Neural Network for Person Re-Identification［C］//IEEE Conference on Computer Vision and Pattern Recognition.2014.

［11］ Ouyang W, Chu X, Wang X. Multi-source Deep Learning for Human Pose Estimation［C］//IEEE Conference on Computer Vision and Pattern Recognition.2014.

［12］ Sun Y, Wang X, Tang X. Hybrid Deep Learning for Face Verification［C］// Proceedings of IEEE International Conference on Computer Vision (ICCV).2013.

［13］ Zhu Z, Luo P, Wang X, et al. Deep Learning Identity Preserving Face Space［C］// Proceedings of IEEE International Conference on Computer Vision (ICCV).2013.

［14］ Luo P, Wang X, Tang X. A Deep Sum-Product Architecture for Robust Facial Attributes Analysis［C］// Proceedings of IEEE International Conference on Computer Vision (ICCV).2013.

［15］ Luo P, Wang X, Tang X. Pedestrian Parsing via Deep Decompositional Neural Network［C］//Proceedings of IEEE International Conference on Computer Vision (ICCV).2013.

［16］ Sun Y, Wang X, Tang X. Deep Convolutional Network Cascade for Facial Point Detection［C］//Proceedings of IEEE Computer Society Conference on Computer Vision and Pattern Recognition (CVPR). 2013.

［17］ Ouyang W, Zeng X, Wang X. Modeling Mutual Visibility Relationship with a Deep Model in Pedestrian Detection［C］//Proceedings of IEEE Computer Society Conference on Computer Vision and Pattern Recognition.2013.

［18］ Luo P, Wang X, Tang X. Hierarchical Face Parsing via Deep Learning［C］// IEEE Conference on Computer Vision and Pattern Recognition.2012.

［19］ Li S, Liu Z, Chan A. Heterogeneous Multi-task Learning for Human Pose Estimation with Deep Convolutional Neural Network［C］//IEEE Conference on Computer Vision and Pattern Recognition Deep Vision Workshop.2014.

［20］ Jin J, Fu K, Zhang C. Traffic Sign Recognition With Hinge Loss Trained Convolutional Neural Networks［J］.

IEEE Transactions on Intelligent Transportation Systems, 2014,15(5): 1991–2000.

［21］胡振，傅昆，张长水. 基于深度学习的作曲家分类问题［J］. 计算机研究与发展，2014, 51(9):1945–1954.

［22］Hu X, Zhang J, Li J，et al. Sparsity–regularized HMAX for visual recognition［J］. PLoS ONE, 2014,9(1):1–12.

［23］Chen N, Zhu J, Chen J，et al. Dropout Training for Support Vector Machines［C］//Proceedings of the 28th AAAI Conference on Artificial Intelligence.2014.

［24］Xie J, Xu L, Chen E. Image denoising and inpainting with deep neural networks［C］//Advances in Neural Information Processing Systems. 2012.

［25］Li X, Wu X. Labeling unsegmented sequence data with DNN–HMM and its application for speech recognition［C］//Proceedings of the 9th International Symposium on Chinese Spoken Language Processing.2014.

［26］Li X, Wu X. Decision tree based state tying for speech recognition using DNN derived embeddings［C］//Proceedings of the 9th International Symposium on Chinese Spoken Language Processing.2014.

［27］Gong C, Li X, Wu X. Recurrent neural network language model with part–of–speech for mandarin speech recognition［C］//Proceedings of the 9th International Symposium on Chinese Spoken Language Processing.2014.

［28］Huang W, Song G, Hong H，et al. Deep Architecture for Traffic Flow Prediction: Deep Belief Nets with Multi–task Learning［J］. IEEE Transaction on Intelligent Transportation Systems, 2014,15(5): 2191–2201.

［29］Bai Y, Yang K, Yu W, et al. Learning High–level Image Representation for Image Retrieval via Multi–Task DNN using Clickthrough Data［C］//Proceedings of the 2nd International Conference on Learning Representations.2014.

［30］Chen X, Xiang S, Liu C,et al. Vehicle Detection in Satellite Images by Hybrid Deep Convolutional Neural Networks［J］. IEEE Transaction on Geoscience and Remote Sensing Letters (GRSL), 2014,11(10):1797–1801.

［31］陈雪云. 基于深层神经网络的遥感图像目标检测［D］. 北京：中国科学院自动化研究所，2014.

［32］Huang Y, Wang W, Wang L，et al. Multi–task deep neural network for multi–label learning［C］//IEEE International Conference on Image Processing (ICIP), Melbourne, Australia.2013.

［33］Yi D, Lei Z, Liao S，et al. Deep Metric Learning for Person Re–Identification［C］//Proceedings of International Conference on Pattern Recognition (ICPR).2014.

［34］Si Y, Zhang Q, Li T, et al. Prefix tree based n–best list re–scoring for recurrent neural network language model used in speech recognition system［C］// Proceedings of the 14th Annual Conference of the International Speech Communication Association(INTERSPEECH).2013.

［35］Yunji Chen, Tao Luo, Shaoli Liu, et al. DaDianNao: A Machine–Learning Supercomputer［C］//Proceedings of the 47th IEEE/ACM International Symposium on Microarchitecture (MICRO'14).2014.

［36］Tianshi Chen, Zidong Du, Ninghui Sun, et al. DianNao: A Small–Footprint High–Throughput Accelerator for Ubiquitous Machine–Learning［C］//Proceedings of 19th International Conference on Architectural Support for Programming Languages and Operating Systems (ASPLOS'14).2014.

［37］Hinton G，Salakhutdinov R. Reducing the dimensionality of data with neural networks［J］. Science, 2006, 313(5786):504–507.

［38］Hinton G, Osindero S, Teh Y. A fast learning algorithm for deep belief nets［J］. Neural Computation, 2006, 18(7):1527–1554.

［39］Ranzato M, Poultney C, Chopra S,et al. Efficient learning of sparse representations with an energy–based model［C］//Advances in Neural Information Processing Systems. 2007.

［40］Goodfellow I, Le Q,Saxe A,et al. Measuring invariances in deep networks［C］//Advances in Neural Information Processing Systems. 2009.

［41］Vincent P, Larochelle H, Bengio Y, et al. Extracting and Composing Robust Features with Denoising Autoencoders［C］//Proceedings of the 25th International Conference on Machine Learning (ICML). 2008.

［42］Salakhutdinov R，Hinton G. Deep Boltzmann machines［C］//Proceedings of The Twelfth International Conference on Artificial Intelligence and Statistics (AISTATS' 09), 2009.

［43］ Nair V. and Hinton G. Rectified linear units improve restricted Boltzmann machines ［C］//Proceedings of the 27th International Conference on Machine Learning (ICML). 2010.

［44］ Glorot X, Bordes A., Bengio Y. Deep sparse rectifier neural networks ［J］． Journal of Machine Learning Research Proceedings Track, 2011(15): 315 - 323.

［45］ Dean J, Corrado G, Monga R, et al. Large scale distributed deep networks ［C］// Advances in Neural Information Processing Systems. 2012.

［46］ Coates A, Huval B, Wang T,et al. Deep learning with COTS HPC systems ［C］// Proceedings of the 30th International Conference on Machine Learning (ICML).2013.

［47］ Arora S, Bhaskara A, Ge R, et al. Provable bounds for learning some deep representations ［C］//Proceedings of The 31st International Conference on Machine Learning. 2014.

［48］ Sermanet P，LeCun Y. Traffic Sign Recognition with Multi-Scale Convolutional Networks ［C］//Proceedings of International Joint Conference on Neural Networks. 2011.

［49］ Krizhevsky A, Sutskever I, Hinton G. Imagenet classificationwith deep convolutional neural networks ［C］// Advances in NeuralInformation Processing Systems. 2012.

［50］ Dahl G, Yu D, Deng L, et al. Context dependent pretrained deep neural networks for large vocabulary speech recognition[J]． IEEE Trans. on Audio，Speech，and Language Processing, 2012,20(1):30–42.

［51］ Mikolov T, Chen K, Corrado G, et al. Efficient estimation of word representations in vector space ［C］//International Conference on Learning Representations: Workshops Track.2013.

［52］ Graves A, Mohamed A，Hinton G. Speech recognition with deep recurrent neural networks ［C］//Proceedings of the 38th IEEE International Conference on Acoustics, Speech and Signal Processing (ICASSP). 2013.

［53］ Bengio Y, Courville A，Vincent P. Representation Learning: A Review and New Perspectives ［J］． IEEE Transactions on Pattern Analysis and Machine Intelligence, 2013,35(8):1798–1828.

［54］ Ladicky L, Russell C, Kohli P，et al. Associative hierarchical CRFs for objectclass image segmentation ［C］// Proceedings of IEEE International Conference on Computer Vision.2009.

［55］ Síma J. Loading deep networks is hard ［J］． Neural Computation, 1994,6(5):842 - 850.

［56］ Windisch D. Loading deep networks is hard: The pyramidal case ［J］． Neural Computation, 2005,17(2):487 - 502.

［57］ 张长水. 机器学习面临的挑战 ［J］． 中国科学：信息科学，2013,43(12)：1612 - 1623.

［58］ Bengio Y. Practical recommendations for gradient-based training of deep architectures ［C］//Neural Networks: Tricks of the Trade. 2013.

［59］ Bengio Y. Learning Deep Architectures for AI ［J］． Foundations and Trends in Machine Learning, 2009,2(1):1–127.

撰稿人：封举富　王立威　胡占义

健康感知与计算研究进展

一、引言

健康不仅是人的基本权利，也是生活质量得以保证的前提和基础，体现着生命存在的良好状态。然而，随着现代社会人类生产与生活方式的深刻变革，特别是老龄化社会的到来，导致当前以疾病治疗为中心的医疗服务体系难以应对以慢性疾病为代表的现代文明病的快速蔓延，已经不能完全满足日益攀升的健康服务需求。鉴于此，国务院于 2013 年 9 月先后发布《国务院关于加快发展养老服务业的若干意见》与《国务院关于促进健康服务业发展的若干意见》两个指导性文件，将健康服务产业上升到国家层面。保障国民健康已成为重大的民生工程，需要全社会的共同关注与参与。

在此背景下，作为一门新兴的交叉学科，健康感知与计算受到信息领域日益广泛的关注，其宗旨在于通过长时间地获取健康数据特别是健康数据流，并进行持续性的分析、建模与评估，发现体征参数异常、识别并评估健康状态以及预测健康发展趋势，为构建现代化健康服务体系、促进国民健康提供理论和方法依据。

（一）健康事关国计民生

健康问题是中国社会当前所面临的重要而迫切的挑战之一。一方面，随着现代化在中国的急速推进和社会节奏的加快，人们的生活和工作节奏也急剧加快。特别是以都市白领为代表的群体，由于生活节奏更快、工作压力更大、紧张度更高，长期处于高度精神紧张的状态之下，不能得到应有的调节，身心过度疲劳，从而导致焦虑不安、抑郁症、精神障碍等生理和心理健康问题。最近的一次调查表明，精神疾病已超过心血管病，跃居中国疾病患者的首位，约占 20%。根据世界卫生组织推算，到 2020 年中国精神疾病导致的医疗开销将上升至社会医疗总开销的 1/4。另据资料显示，中国 70% 的人处于亚健康状态，身心亚健康等现代文明病已成为多发病、常见病。

另一方面，中国已逐渐进入老龄化社会，老龄化问题成为影响国计民生和国家长治久安的重大战略性问题。根据《中国老龄事业发展报告（2013）》数据显示：2013 年全国 60 岁及以上老年人口已达 2.02 亿，占总人口的比重达 14.8%，是世界上唯一老年人口过亿的国家。根据《中国老龄事业发展"十二五"规划》预测，到 2015 年全国 60 岁以上老年人口将增加到 2.21 亿，比重将增加到 16%。2030 年全国 60 岁以上人口将突破 4 亿，成为全球老龄化程度最高的国家。人口结构的老龄化必将对中国社会发展产生深远的影响，关注"银色群体"成为政府决策制定、社会经济发展及公共资源配置等方面优先考虑的全局性社会问题。相关健康统计结果表明，中国老年群体中患有一种或以上慢性疾病的人口比例明显偏高（比如心脏病、脑血管疾病及高血压），且呈现不断上升的趋势。由慢性疾病病因链可知，慢性疾病通常是由多种原因引起，同时具有病程长、早期症状不明显以及难以治愈等特点。一般而言，慢性疾病的发作往往与不良健康行为直接相关，及早发现并合理调控可在一定程度上控制或延缓其进一步发展。

因此，保障国民健康需要全社会的共同关注与参与。例如，在社区和家居环境下、日常生活状态中实现健康监测、预警与辅助，通过探讨新的健康感知与计算理论和方法，使健康管理从被动治疗变为主动预防。

（二）健康感知与计算是促进健康的重要手段

健康调节的前提是持续地感知和分析健康状态，并依据即时健康状况给予正确的干预和调节。外界的及时干预和调整需要建立在对人体健康状态正确感知与评估的基础之上。一般而言，健康评估不能单纯依靠个体的自身感知，也不能完全建立在对用户的问诊及化验体检基础上，而是需要日常生活环境下的持续性监测与分析。因此，为了促进和提升人体健康状态，需要研究持续性健康感知与计算，并实施有效的智能化健康辅助与促进服务。

随着信息技术不断进步，持续地进行人体健康状态感知、评估和预警已经成为可能。基于多途径的健康数据获取，进行持续多维度的分析并提取健康状态与各项健康数据之间的内在关联关系，建立健康状态评估模型，实现有针对性的健康行为指导，对保持和提升人体健康水平、提高生活质量具有重要的理论意义和实际应用价值。

本专题从计算机学科的角度出发，首先介绍健康感知设备与技术、健康计算关键技术的最新研究进展，随后从多个角度对国内外研究进行分析和比较，最后给出对未来发展趋势的展望。

二、健康感知与计算研究现状

（一）国际现状

1. 健康感知国际研究现状

目前，国际上健康感知方面的研究工作主要集中在欧美。美国国家科学基金会 2012

年设立的信息与智能系统项目群（Division of Information & Intelligent Systems，IIS）包含一批健康感知相关的项目，涉及可穿戴式生理参数感知及日常活动行为感知等内容。同时，健康也是欧盟第七研发框架计划（FP7）十大主题之一，其中非入侵式健康检测与监控是主要研究方向。下面从可穿戴和非可穿戴两个方面介绍国外在健康感知方面的研究进展。

（1）基于可穿戴设备的健康感知技术

可穿戴设备是健康感知的重要手段之一，具有两方面的显著优势：①可长时间持续动态检测，获取丰富的健康数据；②可穿戴所带来的便捷性使得健康参数采集可在日常生活环境下进行。目前，典型可穿戴健康监测系统可划分为三种类型：基于体域网的感知设备、基于智能织物的感知设备以及基于智能终端的感知设备。

利用具有无线传输功能的生理传感器节点组成体域网，检测人体生理参数是可穿戴健康感知的重要分支之一。阿拉巴马汉茨维尔大学研制的个人健康监测体域网系统基于Telos 开发平台和用户可定制多传感器模块，实现加速度、ECG 及 EMG 信号的检测。哈佛大学的 CodeBlue 系统同样以 Telos 平台为基础，用户定制传感器模块包含血氧饱和度、ECG、EMG 和运动参数。

在智能织物方面，哈佛大学研制的智能织物健康监护系统将光电容积扫描血压计和多导 ECG 电极嵌入布料中，实现血压和心电信号的实时检测。乔治亚理工大学研制的通用可穿戴生理参数监控设备可兼容多种类型传感器，实现多个生理参数的实时监控。印度国防研究与发展组织研制的远程生理监控智能背心，可同时检测 ECG、PPG、心率、血压、皮电等生理参数。

以智能手机为健康感知与数据汇聚平台的可穿戴设备越来越广泛地用于健康感知。微软 HealthGear 系统可监测血氧饱和度及脉搏，并通过数据分析检测睡眠过程中的呼吸暂停事件。哈佛 – 麻省理工健康科学与技术部和剑桥大学联合研制的 Heartphones 系统将心跳检测仪嵌入耳机中，实现心跳频率的检测。此外，三星公司 Galaxy S5 可通过内置的心率传感器实现心率数据的采集；苹果公司 iPhone 6 则基于内置的传感器和健康应用自动检测行走步数、距离等信息。

此外，国外产业界也研制出众多较为先进的健康感知产品。以可穿戴性最佳且目前最流行的智能手环为例，耐克公司研制的 Nike+ Fuelband 智能手环可同时检测日常运动参数以及心率和脉搏等生理参数，并支持睡眠检测。Fitbit 公司研发的智能手环可记录每天的行走路程、燃烧消耗、活跃时间、睡眠时长以及睡眠质量等并将数据同步至智能终端。爱普生公司研制的 Pulsense 系列智能手环通过检测红细胞反射的光通量的变化来准确识别心跳。

（2）基于非可穿戴设备的健康感知技术

以非可穿戴设备为载体的健康感知技术旨在研发能够方便部署于家庭生活环境之中的健康感知系统，典型的代表包括智能床垫、智能座椅等。相比而言，以非可穿戴设备为载体的健康感知系统避免了电池续航能力、计算能力、数据存储能力等限制。按照感知原理的不同，将非可穿戴式感知技术分为基于压电技术的健康数据感知、基于音频与图像技术的健康数据感知以及基于光纤技术的健康数据感知。

压电传感器是获取人体健康数据的常用感知设备之一，通过在床垫或沙发等生活设施上布设压力传感器捕获人体微动产生的压力，可实现呼吸及心跳等健康数据的感知。亚琛工业大学研究基于压力传感器检测 BCG 信号，并从 BCG 信号中提取出心率数据。东京大学通过在枕头中布设压力传感器矩阵监测用户在睡眠过程中头部对枕头的压力变化，实现睡眠过程中呼吸事件的监测。会津大学通过将压力传感器与流体压敏设施结合实现呼吸及心率等健康数据的准确感知。

在基于音频与图像技术的健康数据感知方面，帕多瓦大学研究了基于光学传感器的非侵入式感知设备，采集人体皮肤及皮下组织的生物 – 物理特征数据，应用于糖尿病患者血糖含量的评估。全北大学、普纳大学研究了利用麦克风采集用户在睡眠过程中的呼吸声音来识别打鼾，并通过内置于枕头中的充气气囊迫使用户改变睡姿，防止睡眠呼吸暂停。

光纤具有无辐射、免电磁干扰等优良特性，因此特别适合于日常生活环境下的长期健康数据感知。从技术角度讲，光纤健康数据感知设备分为光强传感器和光波传感器两类。新加坡科技研究局通讯研究院基于布设在床垫和枕头上的光强光纤传感器，研究呼吸与身体移动及心跳事件的检测；马里博尔大学基于光波光纤传感器，通过分析呼吸、心跳等人体微动对光纤波长的影响，检测呼吸、心跳等健康事件。

2. 健康计算国际研究现状

目前，国际上健康计算领域的研究主要围绕健康数据分析、健康状态建模与评估以及健康促进等方面展开。

（1）健康数据分析方法

健康数据分析的研究热点主要包括面向数据流的持续性实时分析与多维度关联分析。

在健康数据实时分析方面，国外学者基于非持续性数据开展了大量研究，例如通过分析 ECG 信号的动态性特征，检测心律失常事件的发生；通过分析 EEG、EOG、EMG、ECG 等数据，检测阻塞性睡眠呼吸暂停事件的发生。这一研究领域的难点主要体现在如何围绕持续性多数据流设计高效的分析与挖掘方法，目前已取得了一些阶段成果。

在健康数据多维度关联分析方面，目前主要有统计方法和数据挖掘方法（监督、半监督、非监督）。经典的统计方法中，常用的有 Pearson 检测和 Fisher 检测，但其对数据的标准化和一致性要求较高，并不适合健康数据的多维度关联分析。基于数据挖掘方法的研究中，Batal 等人提出了用于发现健康数据中时间模式的方法，Wright 等人则基于重构分析技术研究不同维度健康数据间的关联关系。

（2）健康状态评估模型

目前，国际上健康状态建模的相关研究从建模方法的角度，可分为基于经验数据的统计模型与基于机器学习的概率模型；从所针对健康问题的角度，可分为面向具体疾病的健康模型与面向人体整体健康状态的模型。

在健康状态评估模型的构建方法方面，部分学者研究基于历史经验数据的统计模型，即依赖若干生理参数构建健康水平评分体系，如针对糖尿病的 PreDxH Diabetes Risk Score 与 MetS 体系等、针对心脏病的 Framingham Risk Score 与 SCORE 体系等。更多学者研究基于机器学习理论与方法的概率模型，例如基于神经网络建模糖尿病患者的血糖水平，基于支撑向量机对 I 型糖尿病进行建模与评估，基于朴素贝叶斯、神经网络以及决策树的心脏病评估模型，基于逻辑回归分析、支撑向量机、Boosting 等方法构建的心力衰竭评估模型。

在面向特定健康问题的评估模型方面，国外学者主要研究具体的疾病，其中研究较多的有糖尿病、心脏病等。此外，也有部分学者从人体系统或子系统的角度研究健康状态评估模型。例如，基于心率变异性构建针对中枢神经系统及心血管系统的健康状态评估模型。

（3）健康促进理论与方法

健康促进一词始见于 20 世纪 20 年代公共卫生领域的文献，其内涵主要包括个人行为改变和政府行为（社会环境）改变两个方面，重视发挥个人、家庭和社会的健康潜能。人类健康实践证明，健康促进是人类应对现代社会生活方式病和慢性病蔓延挑战、满足社会老龄化趋势需求、解决"看病难、看病贵"以及提升人力资本和国民素质的有效科学途径。

在准确评估健康状态的基础上，部分学者进一步开展了健康促进理论与方法方面的研究，例如 HPM 模型归纳了影响人体健康的因素，主张健康促进取决于认知 - 知觉因素和修正因素；社会经济模型主要从社会、经济、文化、环境等角度分析影响人体健康的因素。基于健康促进相关理论模型，学界从多方面开展了健康促进方法的研究，一是探索健康促进的不同途径，二是研究如何提升健康促进的有效性。

在健康促进途径方面，国外相关研究主要包括基于行为改变的健康促进与基于社会网络的健康促进。基于行为改变的研究方面，研发了 UbiFit、Flowie 等健康促进系统。社会网络方面的研究包括通过在社交网络中嵌入健康干预应用，促进人体健康；通过社交网络游戏督促用户按时服药。

在健康促进有效性方面，主要从个性化与情境敏感两个方面开展研究。例如，面向患者的个性化信息服务系统、情境敏感的用药提醒系统等。

（二）国内现状

随着中国逐步进入老龄化社会，健康问题日益引起人们的关注。在国家"973"计划、国家科技支撑计划、国家自然科学基金等支持下，国内信息领域先后启动了一系列健康感知与计算方面的研究课题，促进了相关研究的开展。

目前，国内健康感知与计算的研究、开发与应用如火如荼，代表性科研项目包括：

（1）国家自然科学基金。2013 年，国家自然科学基金委支持了健康感知与计算领域的两个重点项目，分别是依托西北工业大学的"面向老年人健康的非干预式感知与持续计算研究”和依托香港理工大学深圳研究院的“面向人类健康的体外诊察信息感知与计算方法研究”。前一项目针对中国老年人健康特点与需求，重点研究非干预式健康状态感知、持续性健康数据多维度关联分析、人体健康评估模型及其促进方法。后一项目针对目前可体外诊察感知的状态单一有限以及医学诊断现代化研究中面临的数字化、标准化、可重复性、可扩展性等瓶颈问题，旨在建立面向人类健康的体外诊察信息分析应用平台。此外，国家自然科学基金委于 2014 年重点资助了基于可穿戴计算的情感交互理论与方法等面向心理健康的研究项目。

（2）“973”计划。2014 年，“973”计划立项支持了健康感知与计算领域基础研究项目“基于生物、心理多模态信息的潜在抑郁风险预警理论与生物传感关键技术研究”。该项目依托兰州大学，旨在通过获取模态健康数据进行心理干预与诊疗等方面的研究。

（3）国家科技支撑计划。国家科技支撑计划 2015 年度项目申报指南“信息产业与现代服务业——新兴服务业”包含多个与健康密切相关的题目，如“基于大数据应用的综合健康服务平台研发及应用示范”“医养结合的养老云服务平台研发及应用示范”等，旨在基于大数据和居家环境，为大众提供网络化的健康数据管理、健康咨询等服务。

此外，2010 年“863”计划对数字化医疗工程技术领域给予了重点支持，旨在开发基于体域网的个人健康信息智能采集技术及系统。

在各类科研项目支持下，国内的研究团队结合各自的研究基础与应用方向，在健康感知与计算领域取得了较大的进展。

1. 健康数据感知与分析

保障人体健康的前提是获取健康状态信息，从 IT 技术的角度出发，既不能单纯依靠个体的自身感知，也不能完全基于对用户的医疗问诊和化验体检，而是应该强调日常生活环境下的自然感知与监测。同时，基于不同方式获取的健康数据往往具有各自的特性，需要采用不同的方法进行处理和分析。

香港理工大学围绕视觉、听觉、嗅觉和触觉四个方面开展体外诊察研究，旨在实现基于多层次信息融合的健康感知与计算。例如，通过感知人体呼吸的化学成分，研究相关特征与糖尿病的关联关系；基于多核学习提取并融合不同脉象特征，研究相关特征与疾病的关联关系；基于舌苔和人脸特征，构建相关病症的自动分析系统。兰州大学针对随机性和背景噪声较强的生理信号开展了感知与分析方面的工作，包括脑电、心电、肌电、眼电、神经电等生物电信号以及呼吸、脉搏、血压、血流、温度等生理量。西北工业大学利用光纤传感器对外场应力的敏感机理及其电磁不敏感和无辐射等优良特性，研究在自然睡眠状态下持续感知体温、呼吸、心率和身体位移等基本健康数据的机理和方法。

此外，在基于射频技术的健康数据感知与分析方面，第四军医大学、北京航空航天大学、西安电子科技大学等开展了呼吸与心率数据检测方面的研究。在基于图像与视频技术的健康数据感知与分析方面，厦门大学研究通过感知与分析用户脸部、眼部与舌苔的图像和视频信息，评测健康状态；类似的研究还包括哈尔滨工业大学围绕齿痕舌图像信息的感知与分析以及西南交通大学面向心电、体温以及呼吸信息的感知与分析。在基于各类新型传感设备的健康数据感知与分析方面，中科院计算所基于传统医学原理，研发了脉搏感知系统，提出了相应的信号处理和特征提取方法，能够准确感知脉搏数据并评估人体的健康状况；清华大学通过感知血糖、血压、血脂等时序健康数据，研究了基于时间序列距离度量的异常事件检测方法，为糖尿病等慢性疾病的管理提供辅助；空军航空医学研究所以检测呼吸睡眠事件为目标，研制了微动敏感床垫睡眠检测系统，实现了无电极条件下高分辨率生理信号的获取，对用户的睡眠影响很小，且能准确评价其睡眠状态。

此外，产业界方面，东软熙康研制了多款便携式健康管理终端设备，包括以计步、卡路里消耗等为核心应用的 S1 腕表、用于心率监测的熙康胸带等多款产品；华为推出了荣耀系列智能手环，可以自动检测运动步数、距离以及睡眠质量等信息；类似的产品还包括联想 Smartband、中兴 Grand Band、小米手环等。

2. 健康状态建模与评估

近年来，在健康状态建模与评估方面，国内研究机构已开展了一些创新性的研究工作。例如，兰州大学针对精神类疾病和心理健康问题，通过表达、组织与建模生理信号、医学影像、个人基本信息等多模态数据，并结合数理统计、模糊数学及语义表达等理论和技术，研究适用于不同人群的心理健康状态评估模型。此外，部分国内学者通过对国外学者提出的健康状态评估模型进行修正和完善，提出适合中国人群特征的健康模型。例如，浙江大学综合影响心血管健康的各种因素，借鉴成熟的风险评估体系 Framingham Risk Score 与 SCORE，并结合专家知识构建了适合中国人特征的心血管健康状态评估模型；上海交通大学则针对现有模型与方法的不足，提出了基于规则引擎的健康状态评估系统。

另一方面，受传统医学理论影响，国内部分学者倾向于从系统的角度建模与评估人体的整体健康水平，例如中科院计算所、厦门大学等分别从不同角度研究人体健康状态（健康、亚健康、疾病等）的评估模型。航空医学研究所研究了睡眠周期及其结构特征，并从中医的角度对不同特征与健康问题之间的关联关系进行解读，构建相应的人体健康评估模型。

3. 健康促进与个性化服务

目前，国内学者对于健康促进定义的基本共识是"以教育、组织、政策和经济等手段，干预对健康有害的生活方式、行为和环境，以促进人体健康。"具体而言，健康促进旨在改变不健康的行为、改进健康预防性服务以及创造良好的社会与自然环境，其内容包括政府立法，解决有害的生产、生活环境，支持和促进个人、家庭和社会共同承担卫生保健责任；增加与改善健康预防性服务设施，投入资源以促进国民健康；倡导文明、健康、科学的生活方式，提高国民的自我保健意识和技能。

浙江大学从公共健康卫生的角度出发，开展了健康促进模式的研究，提出了健康促进适宜性选择模型。兰州大学针对精神疾病类人群日益增加的现实，研究面向不同心理问题人群（如抑郁症患者、心理高压患者和轻度认知障碍患者等）的自适应干预机制和治疗方法。西北工业大学针对中国社会快速老龄化的现状，研究了情境敏感的智能化辅助系统，例如通过实时检测用户的位置、活动及可用设备等情境信息，在适合的时间以适合的多媒体形态提供用药提醒服务，避免药物误服和重复用药等问题的发生，从而保障老年人的身体健康。

此外，产业界方面，东软集团以健康管理平台为核心，形成了健康检查与动态监测、健康风险评估、健康教育与健康促进、远程医疗等专业化健康服务体系；万达信息则基于"健康云"构建了区域卫生资源信息服务平台和网络体系，提供电子病历、个人健康咨询、家庭保健等个性化服务，支持发展新型健康信息服务。

三、国内外研究进展比较

目前，国内外在健康感知与计算领域的研究所存在的不同主要体现在以下几个方面。

（一）健康感知与计算的系统论

目前，国外健康感知与计算领域的总体研究水平虽然领先国内，但是相关研究一般围绕具体的健康问题展开，或者关注健康数据的获取与分析，或者关注健康状态的建模与评估，尚未形成整体性、系统化的理论体系。中华民族源远流长，在数千年的历史长河中，先贤们积累了许多被证明是卓有成效的人体健康保障方法，如《黄帝内经》给出了人体的系统观与均衡论。从身体调节和健康保持的角度出发，中国著名健康学专家俞梦孙院士结合中医理论，提出了如下图所示的人体健康调节模型，认为健康状态是一种机体平衡状态，外界的及时干预和调节对保持机体的平衡具有重要作用。该模型以身心健康状态的感知、辨识与调理为主要内容，其中感知旨在获取与人体整体健康状态有关的信息，为健康状态辨识提供数据基础；辨识旨在发现健康问题的方向、层次和程度，从而决定具体的调理方式；调理的目的则在于通过心理、饮食、锻炼、理疗等方式、方法，促进人体平衡状态的恢复和保持。

基于系统论的健康调节模型

（二）健康数据的感知方式与深度

国内外健康数据感知的相关研究的差别主要体现在感知方式与深度的不同。基于智能织物的健康感知方面，国内研究起步较晚，与国外的差距较大。目前国外虽尚无商业化的智能织物产品，但原型系统众多，技术丰富且实现技术先进；国内由于受材料、工艺等方面的限制，智能织物研究目前处于初步探索阶段。基于体域网的健康感知方面，国内外研究水平相当。美国哈佛大学等知名高校起步较早，具有相对较好的技术储备；国内方面，"863" 计划资助了一批基于体域网的个人健康数据采集相关项目，相关承担单位如清华大学、中科院计算所、解放军总医院、吉林大学等已在该领域取得阶段性研究成果。基于智能手机的健康感知与服务方面，国外仍处于领先地位，三星、苹果等智能手机巨头均拥有各自的商业化智能手机健康应用；国内方面，华为、小米等智能手机生产厂商虽然已经推出健康检测相关的产品或应用，但是尚处于起步阶段。此外，在基于压电、光纤技术的健康数据感知方面，国内外研究水平相当。国外有新加坡科技研究局通讯研究院、东京大学等为首的科研单位或高校，国内则有航空医学研究所、西北工业大学等开展相关研究，且均已推出原型系统或阶段性成果。

（三）多源健康数据的分析方法

在健康数据特别是健康数据流的分析方面，国外相关研究起步较早，通过借鉴数据流挖掘领域的最新成果，已形成较完整的方法和技术体系，目前研究的重点是如何克服通用数据分析方法应用于健康数据分析所带来的缺点。国内在健康数据分析方面的研究虽然起步较晚，但在相关课题的支持下取得了较快的发展，目前部分研究已经达到国际先进水平，而且具有显著的中国特色。例如，在睡眠结构分析方面，国外研究多数基于多导睡眠图获取和分析用户的脑电、眼电及肌电等数据，此种方法虽然精度和可靠性较高，但是一般用在医院中，并不适合日常家庭环境；航空医学研究所创新性地提出基于较易获得的心动、呼吸、体动等基本生理参数研究睡眠结构，并采用模糊推理进行多睡眠数据的融合计算，实现了自然状态下无电极、无约束的睡眠监测与分析。香港理工大学结合 "望闻问切" 的传统医学理念，从视觉、听觉、嗅觉和触觉四个角度开展了全方位的体外诊察感知与计算研究，提出了面向人类健康的多层次信息分析方法与融合机制（包括感知融合、特征融合、匹配融合及决策融合），有助于推动中国医学诊断现代化领域的原始创新。

（四）健康状态评估模型的构建角度与解读方式

受现代医学专科化、精细化趋势的影响，多数国外学者侧重构建面向特定健康问题或疾病的评估模型，其主要目的是预测具体健康问题的发生概率，并提供有针对性的健康服务。一般而言，所服务的对象即为模型所评估的对象本身。换言之，国外学者多数遵从微观的解读方式，将人体不同子系统或器官视为孤立的存在。国内的学者，特别是以俞梦孙院士为代表的科技工作者，由于受到中国传统医学理论中人体系统观与均衡论的影响，更加倾向于从系统的、综合的、整体的角度构建健康评估模型，所评估和预测的对象是人体的整体健康水平而不是某一个具体的子系统或者器官。对于健康问题的理解则基于复杂系统理论，特别是自组织原理，从宏观的角度进行解读，认为具体健康问题的出现是人体整体失调的局部体现。此外，健康服务将提供给引发健康问题的根源，而不是问题的表象，因此更可能从根本上提升人体的健康水平。此类基于人体系统观理论而构建的健康评估模型尤其适合以各类慢性病为代表的现代文明病。

综合上述国内外研究进展比较可知，在面向健康的感知与计算这一新型研究领域，中国虽然起步较晚，但是在相关课题的支持下取得了较快的发展，目前部分研究已经达到国际先进水平，特别是在健康感知与计算的系统论、健康状态评估模型的构建角度与解读方式等方面形成了显著的中国特色，有可能为克服各类慢性疾病、服务老龄化社会、提升人类健康水平与生活质量做出突破性贡献。

四、健康感知与计算发展趋势

（一）可穿戴设备与健康感知相结合

可穿戴设备的持续工作特性及其与生俱来的便携性为健康感知带来了新的发展契机和挑战。可穿戴设备和健康感知相结合的首要优势是能够实现长时间的动态监测，提供丰富的健康感知数据，有利于实现健康状态的客观评价，并及时实施健康促进。传统的一次性检测形成的部分人体生理指标很难得出准确客观的结论，只有通过长时间的持续检测才能得到相对可靠的测量结果。例如，在早期心脏病监测中，一次心电图难以捕捉到有效的诊断依据；而症状最明显的时刻往往是心电图采集的最佳时机，但是实际中由于检测的不连续性，此类时机往往被错过。基于可穿戴设备的动态心电图监测可持续地记录受测者的心脏活动状况，包括休息、活动、进餐、工作、学习和睡眠等不同活动下的心电图数据，从而发现一次性常规心电图不易发现的心律失常、心肌缺血等健康问题。随着中国人口老龄化趋势的不断加剧，可穿戴设备和健康感知相结合的另一个优势是可以避免慢性病患者频繁就医，节省开销。目前大多数慢性病患者需要定期就医，检查相关生理指标，明确病理发展趋势。然而，频繁的就医必然带来人力和财力方面的负担，如果能够将可穿戴健康感知设备应用于慢性病检测，则可实现远程生理指数采集及诊断，从而减少就医次数，节省医疗开销。可穿戴计算应用于健康感知虽然具有诸多优势，但仍然需要克服下述挑战。

其一是传感器感知能力的准确性和可靠性。由于可穿戴设备对传感器尺寸及结构的限制，相比于医学领域认可的测量标准，目前嵌入在可穿戴设备的生理传感器在准确性和可靠性方面仍具有较大差距。例如，目前医用 ECG 监护仪多为 12 导电极，而使用在便携式设备或可穿戴设备上的 ECG 检测仪多数采用 3 导电极，检测精度仅能满足较为粗略的健康评估。

其二是设备的穿着舒适性。目前，智能织物之外的其他类型可穿戴感知设备的穿着舒适性均较差，给用户的日常行为造成一定程度的干扰。对于用户而言，如果可穿戴健康感知设备仅停留在"可以穿戴"而非"适合穿戴"的层面，则会阻碍可穿戴健康感知设备的发展和普及。

（二）大数据计算与健康状态评估相结合

健康数据是典型的大数据，近年来大数据研究的兴起为开展健康计算特别是健康状态评估模型研究提供了前所未有的机遇，二者的结合已经成为健康计算研究的必然趋势。只有合理分析和挖掘健康大数据，才能构造具有普遍适用性的健康状态评估模型，并进一步以较低的成本为不同健康问题和不同特征人群提供系统化与个性化相辅相成的健康评估模型和健康促进服务。然而，区别于其他大数据，健康大数据的一些特有性质给二者的结合带来诸多挑战。

其一，健康大数据具有多源、异构、动态等特点，而且是持续增长的大数据。因此，高效可用的健康评估模型不但需要具有良好的可扩展性，以表达、组织和建模不同类型的健康数据；同时，还需要具有良好的自适应动态进化能力，随着人体健康状态的动态变化进行相应的挑战和演化，从而实现持续而准确的评估。

其二，健康大数据是关系复杂且富含语义的多维数据。因为数据来源的多样性，不同维度数据之间的关系可能非常复杂。同时，健康大数据蕴含了丰富的语义信息，准确发现相关语义是构建健康评估模型的基础。另外，不同的健康服务可能需要从不同的视角分析和解读数据。如何研发适合健康大数据的数据挖掘和分析工具，揭示健康数据所蕴含的语义信息及其与健康状态之间的关联关系，并对相关结果进行深度而合理的解读，是构建健康评估模型时需要深入探讨的问题。

其三，健康大数据涉及隐私问题。随着健康大数据时代的来临，民众获取健康信息的渠道和内容发生巨大变化，健康数据的质量和安全问题也日益凸显。虽然大数据有利于构建更加有效的健康评估模型，但是如何保证建模过程中用户隐私不被泄露或恶意利用，是大数据与健康状态评估相结合所需面临的又一挑战。

（三）健康服务的 Online 与 Offline 模式相结合

健康感知与计算研究最终需要以健康服务的形式提供给用户。因此，在服务模式方面，需要进一步研究适合中国国情的线上与线下相结合的服务模式，整合分散的需求与供给，形成一条完善的健康服务供应链，将服务方和服务对象进行有效的链接，进而形成一种长效发展的新型健康服务模式，以满足不同人群对健康服务的需求。一方面通过线上实现服务资源整合，提供多样化健康信息服务；另一方面依托线下实施具体的健康服务，形成服务对接优势，从而构建线上线下一体化、多渠道资源整合的健康服务管理平台。目前，O2O 健康服务模式的进一步发展还需解决以下关键问题。

其一，需要进一步整合健康服务云平台与智能感知终端，将健康感知、计算与服务紧密结合。一方面，依据不同群体，部署或采用与其适应的健康感知终端，通过网络实时收集健康感知数据；另一方面，健康服务云平台依据健康知识和健康科学，建立相应的健康评估模型，并基于健康数据的关联分析方法处理感知数据，发现个体或群体的健康问题，及时给出健康促进提醒与指导。

其二，明确线上与线下健康服务的具体内容并合理分工，实现优势互补和良性循环。例如，线上平台依托医养知识库和第三方服务接口，提供健康档案查询、智能健康监护、健康教育、健康咨询、慢性病管理、亲情关爱、上门服务预约、在线健康商品购买等服务；线下则依托社区综合服务中心、社区卫生服务中心、健康管理中心、医疗急救中心以及其他第三方服务资源，组织实际的长期照护、居家护理、陪同就医、紧急救助和日常生活等服务。

五、结束语

进入现代社会以来，科学技术的发展极大地推动了人类社会的进步，深刻地影响着人们的生产与生活方式。一方面，人类的物质和精神生活日益丰富；另一方面，各种现代文明病快速蔓延，成为人类健康的主要威胁。特别是21世纪以来，全球逐渐进入老龄化社会，导致当前以疾病治疗为中心的医疗服务体系不能完全满足日益攀升的健康服务需求。在此背景下，健康感知与计算这一多学科融合的新兴方向越来越多地引起重视。对于中国学者而言，应该借鉴传统文化中人体系统观和均衡论等思想，以推动中国健康感知与计算领域的特色创新，同时结合中国人口多、未富先老等具体国情，面向不同人群研发性价比优良的健康感知与服务系统，为构筑可持续的医疗与健康服务体系、提高中国民众健康水平做出贡献。

—— 参考文献 ——

[1] A Milenkovic, C Otto, E Jovanov. Wireless sensor networks for personal health monitoring: Issues and an implementation [J]. Computer communications, 2006, 29(13–14): 2521–2533.

[2] V Shnayder, B Chen, K Lorincz, et al. Sensor networks for medical care [C] //Proceedings of SenSys. New York: ACM, 2005.

[3] N Oliver, F Flores–Mangas. Health Gear: A real–time wearable system for monitoring and analyzing physiological signals [C] //Proceedings of BSN. LOS ALAMITOS: IEEE COMPUTER SOC, 2006.

[4] M Z Poh, K Kim, A D Goessling, et al. Heartphones: Sensor earphones and mobile application for non–obtrusive health monitoring [C] //IEEE International Symposium on Wearable Computers. LOS ALAMITOS: IEEE COMPUTER SOC, 2009.

[5] P Rai, P S Kumar, S Oh, et al. Smart healthcare textile sensor system for unhindered–pervasive health monitoring [C] \\

Proceedings of SPIE. BELLINGHAM: SPIE–INT SOC OPTICAL ENGINEERING, 2012.

［6］ S Park, K Mackenzie, S Jayaraman. The wearable motherboard: a framework for personalized mobile information processing ［C］//Proceedings of the 39th ACM annual Design Automation Conference. NEW YORK: ASSOC COMPUTING MACHINERY, 2002.

［7］ P S Pandian, K Mohanavelu, K P Safeer, et al. Smart Vest: Wearable multi–parameter remote physiological monitoring system ［J］. Medical engineering & physics, 2008, 30(4): 466–477.

［8］ U Anliker, J A Ward, P Lukowicz, et al. AMON:A wearable multiparameter medical monitoring and alert system ［J］. IEEE Transactions on Information Technology in Biomedicine, 2004, 8(4): 415－427.

［9］ C Brüser, K Stadlthanner, S Waele, et al. Adaptive Beat–to–Beat Heart Rate Estimation in Ballistocardiograms ［J］. IEEE Transactions on Information Technology in Biomedicine, 2011, 15(5): 778–786.

［10］ X Zhu, W X Chen, T Nemoto, et al. Accurate determination of respiratory rhythm and pulse rate using an under pillow sensor based on wavelet transformation ［C］//Proceedings of the 27th Annual International Conference of the Engineering in Medicine and Biology Society. Piscataway: IEEE, 2005.

［11］ M Zanon, M Riz, G Sparacino, et al. Assessment of linear regression techniques for modeling multisensor data for non–invasive continuous glucose monitoring ［C］//Proceedings of the 33rd IEEE Annual International Conference of EMBS. Piscataway: IEEE, 2011.

［12］ R Wei, X Li, J J Im, et al. A development of pillow for detection and restraining of snoring ［C］//Proceedings of the 3rd International Conference on Biomedical Engineering and Informatics. Piscataway: IEEE, 2010.

［13］ R Suryawanshi, A Zende. Electronically Operated Anti–snoring Pillow ［C］//Proceedings of the 2nd International Conference on Computer Engineering and Applications. Piscataway: IEEE, 2010.

［14］ Z Chen, J Teo, S Ng, et al. Smart Pillow For Heart Rate Monitoring Using A Fiber Optic Sensor ［C］//Proceedings of SPIE. BELLINGHAM: SPIE–INT SOC OPTICAL ENGINEERING, 2011.

［15］ J Hao, M Jayachandran, P Kng, et al. FBG–based smart bed system for healthcare applications ［J］. Front. Optoelectron, 2010, 3(1): 78–83.

［16］ S Šprager, D Zazula. Heartbeat and Respiration Detection from Optical Interferometric Signals by Using a Multimethod Approach ［J］. Biomedical Engineering, IEEE Transactions on, 2012, 59(10): 2922–2929.

［17］ N Thakor, Y Zhu. Applications of adaptive filtering to ECG analysis: noise cancellation and arrhythmia detection ［J］. Biomedical Engineering, IEEE Transactions on, 1991, 38(8): 785–794.

［18］ V Somers, M Dyken, M Clary,et al. Sympathetic Neural Mechanisms in Obstructive Sleep Apnea ［J］. Journal of Clinical Investigation, 1995, 96(4): 1897–1904.

［19］ V Guralnik, J Srivastava. Event detection from time series Data ［C］// Proceedings of the fifth ACM SIGKDD international conference on Knowledge discovery and data mining. New York: ACM, 1999.

［20］ I Batal, H Valizadegan, G Cooper, et al. A Pattern Mining Approach for Classifying Multivariate Temporal Data ［C］// Proceedings of IEEE International Conference on Bioinformatics and Biomedicine. Piscataway: IEEE, 2011.

［21］ T Shafizadeh, E Moler1, J Kolberg, et al. Comparison of Accuracy of Diabetes Risk Score and Components of the Metabolic Syndrome in Assessing Risk of Incident Type 2 Diabetes in Inter99 Cohort ［J］. PloS one, 2011, 6(7): e22863.

［22］ G Nichols, E Moler. Diabetes incidence for all possible combinations of metabolic syndrome components ［J］. Diabetes Research and Clinical Practice, 2010, 90(1): 115–121.

［23］ R Conroy, K Pyörälä, A Fitzgerald, et al. SCORE project group—Estimation of ten–year risk of fatal cardiovascular disease in Europe ［J］. Eur Heart J, 2003 (24): 987–1003.

［24］ V Tresp, T Briegel, J Moody. Neural–Network Models for the Blood Glucose Metabolism of a Diabetic ［J］. Neural Networks, IEEE Transactions on, 1999, 10(5): 1204–1213.

［25］ Z Wei, K Wang, H Qu, et al. From Disease Association to Risk Assessment: An Optimistic View from Genome–Wide

Association Studies on Type 1 Diabetes ［J］. PLoS Genet, 2009, 5(10): e1000678.

［26］ S Palaniappan, R Awang. Intelligent Heart Disease Prediction System Using Data Mining Techniques ［J］. International Journal of Computer Science and Network Security, 2008, 8(8): 108–115.

［27］ C Dangare, S Apte. Improved Study of Heart Disease Prediction System using Data Mining Classification Techniques ［J］. International Journal of Computer Applications, 2012, 47(10): 44–48.

［28］ D Noble, R Mathur, T Dent, et al. Risk models and scores for type 2 diabetes: systematic review ［J］. BMJ, 2011(343):d7163.

［29］ A Abbasi, L Peelen, E Corpeleijn, et al. Prediction models for risk of developing type 2 diabetes: systematic literature search and independent external validation study ［J］. BMJ, 2012(345):e5900.

［30］ G Siontis, I Tzoulaki, K Siontis, et al. Comparisons of established risk prediction models for cardiovascular disease: systematic review ［J］. BMJ, 2012(344):e3318.

［31］ S Ahmad, A Tejuja, K Newman, et al. Clinical review: a review and analysis of heart rate variability and the diagnosis and prognosis of infection ［J］. Crit Care., 2009, 13(6): 232.

［32］ 吕姿之. 健康教育与健康促进［M］. 北京：北京医科大学出版社，2002.

［33］ N Pender, C Murdaugh, M Parsons. Health Promotion in Nursing Practice ［M］. Boston: Pearson, 2011.

［34］ S Consolvo, J Landay, D McDonald. Designing for Behavior Change in Everyday Life ［J］. IEEE Computer, 2009, 42(6): 86–89.

［35］ I Albaina, V M Capg, T Visser, et al. Flowie: A Persuasive Virtual Coach to Motivate Elderly Individuals to Walk ［C］//Proceedings of 3rd International Conference on Pervasive Computing Technologies for Healthcare. Piscataway: IEEE, 2009.

［36］ S Munson, D Lauterbach, M Newman, et al. Happier Together: Integrating a Wellness Application into a Social Network Site.［M］. Berlin Heidelberg: Springer, 2010.

［37］ R. Oliveira, M. Cherubini, N. Oliver. MoviPill: Improving Medication Compliance for Elders Using a Mobile Persuasive Social Game ［C］//Proceedings of the 12th ACM international conference on Ubiquitous computing. New York: ACM, 2010.

［38］ J Jones, J Nyhof-Young, A Friedman, et al. More than just a pamphlet: Development of an innovative computer-based education program for cancer patients ［J］. Patient Education and Counseling, 2001, 44(3): 271–281.

［39］ S Vurgun, M Philpose, M Pavel. A statistical reasoning system for medication prompting［C］//Proceedings of the 9th International Conference on Ubiquitous Computing. BERLIN: Springer Berlin Heidelberg, 2007.

［40］ T L Hayes, K Cobbinah, T Dishongh. A study of medication-taking and unobtrusive, intelligent reminding ［J］. Telemedicine and e-Health, 2009, 15(8): 770–776.

［41］ Guo D, Zhang D, Li N, et al. Diabetes identification and classification by means of a breath analysis system ［M］. Berlin Heidelberg: Springer, 2010.

［42］ L Liu, W Zuo, D Zhang, et al. Combination of Heterogeneous Features for Wrist Pulse Blood Flow Signal Diagnosis via Multiple Kernel Learning ［J］. Information Technology in Biomedicine, IEEE Transactions on, 2012, 16(4): 598–606.

［43］ D Zhang, B Pang, N Li, et al. Computerized Diagnosis from Tongue Appearance using Quantitative Feature Classification ［J］. The American Journal of Chinese Medicine, 2005, 33(6): 859–866.

［44］ 岳宇. 生物雷达检测技术中心跳与呼吸信号分离技术的研究 ［D］. 西安：第四军医大学, 2007.

［45］ 黄莉，史林，姜敏. 基于提升算法的低速目标信号提取与生命信号检测应用 ［J］. 电子科技, 2004(5): 18–21.

［46］ 史林，姜敏，黄莉. 基于谐波模型的生命探测雷达人体状态识别方法 ［J］. 西安电子科技大学学报（自然科学版），2005, 32(2): 179–183.

［47］ F Guo, Y Lin, S Li, et al. Interval-valued cloud model based personal sub-health status diagnosing prototype system on TCM syndrome data［C］//Proceedings of 9th International Conference on UIC/ATC. Piscataway: IEEE, 2012.

［48］ 王冬雪. 齿痕舌的识别及其与亚健康状态之间相关性的研究［D］. 哈尔滨：哈尔滨工业大学，2011.

［49］ 赵云龙. 便携式亚健康监控系统的研究与设计［D］. 成都：西南交通大学，2011.

［50］ J Zhang, R Wang, S Lu, et al. EasiCPRS: Design and Implementation of a Portable Chinese Pulse-wave Retrieval System［C］//Proceedings of the 9th ACM Conference on Embedded Networked Sensor Systems. New York: ACM, 2011.

［51］ 孙磊. 健康管理中时序数据挖掘相关问题研究与应用［D］. 北京：清华大学，2011.

［52］ 睡眠呼吸障碍检测技术研究与应用课题组. 微动敏感床垫睡眠监测系统检测睡眠呼吸事件的原理与判断规则［M］. 北京：人民军医出版社，2011.

［53］ 吴巧玉. 心血管健康评估表的初步建立［D］. 杭州：浙江大学，2013.

［54］ 李磊. 基于规则引擎的健康评估系统的设计与实现［D］. 上海：上海交通大学，2013.

［55］ 杨军，俞梦孙，张宏金，等. 睡眠周期的中医解读［C］//第十届中国科协年会论文集. 北京：国防工业出版社，2008.

［56］ 李金林. 健康促进的创新研究［D］. 杭州：浙江大学，2011

［57］ L Tang, X Zhou, Z Yu, et al. MHS: A multimedia system for improving medication adherence in elderly care［J］. Systems Journal, IEEE, 2011, 5(4): 506-517.

撰稿人：周兴社　王　柱　倪红波　王天本

穿戴计算：从器件到环境研究进展

一、引言

20 世纪 90 年代，Mark Weiser 提出了"普适计算"的概念，认为计算机将退居幕后直至消失，随之而来的是人们获得"无处不在"的信息服务。

近 30 年来，个人计算机（Personal Computer，PC）作为个人信息服务的主要载体和入口，构成了个人信息环境的核心部分。然而今时今日，随着智能手机和各类穿戴设备等智能终端的兴起，大量原本由 PC 承担的信息服务功能转移到这些终端上来。并且，由于这些终端具有更好的随身服务特性、更强的感知能力和更便利的交互功能，衍生出了许多 PC 无法承担的信息服务。随之而来的是 PC 计算机的销量持续下滑，据国际数据公司 IDC 数据显示，2013 年第一季度全球 PC 销量下滑 14%，为近 20 年最大降幅。可见，手机和各类穿戴设备等异构终端正在成为信息服务的主要载体，计算机的"消失"正不断成为现实。

在穿戴设备方兴未艾之时，新传感、新材料、新的基础设施（云和物联网）正在推动穿戴设备的形态、作用发生巨大变化。穿戴计算的转型和升级正在加速进行。我们认为新的技术进步对穿戴计算的影响会体现为：①依托云平台和各类互联技术，设备不断隐藏到环境中，特别是柔性电子等技术使得无间断的计算、感知和显示技术成为可能，穿戴设备将逐渐"融入"到基础设施中；②源于物联网、社交网等渠道的海量数据，使得基于各类预判结果的推送式计算服务不断出现，用户对无时无刻佩戴各类设备的需求被降低；③各种无穿戴、非接触的新型交互手段迅速发展，体感交互、语音交互等技术让用户脱离穿戴设备依然能得到计算服务。

围绕上述趋势，本专题将小结国内外近年来在穿戴计算领域的重要进展，进行对比分析，并展望该领域未来趋势及相应挑战。

二、国内外研究现状

下面以国内为主、国外为辅，从基础元器件、软件平台、关键技术、产品形态和应用服务四个方面介绍软硬件平台的现状。

（一）基础元器件

以下主要从计算芯片、传感器件和柔性器件三方面介绍穿戴计算基础元器件。

1. 计算芯片

多年来，国内产品使用的计算芯片长期依赖国外企业供货。近几年，高通、Intel 等公司在穿戴式芯片上持续发力。高通推出了用于其自有品牌智能手表 Toq 的低功耗芯片，Intel 则大力推广其专为穿戴式产品设计的 Quark 处理器以及相应的计算平台 Edison。IBM 提出了"认知计算芯片"的概念，使芯片可以像人脑一样具有学习能力。此外，TI（Texas Instruments）的 MSP430、联发科的 Aster、CSR 公司的 CSR1012 等都是较有代表性的穿戴式芯片。

国内企业近年来在芯片方面亦有重要进展。如目前华为自主研发的海思芯片，在架构、性能等诸多方面不输于市场既有芯片，已经在智能手机等智能设备领域取得一席之地。自 2013 年下半年开始，北京君正的 JZ4775CPU 及相应的 Newton 平台也获得多家国内智能手表厂商的青睐，在多款国产智能手表上应用。总的来看，国内企业在芯片性能、产业生态环境、市场份额等方面与国际厂商还有明显差距。

2. 传感器件

传感器件是穿戴设备的重要部件。在该领域，国外企业远远领先于国内企业。如 Freescale、Bosch、Sitronix 等公司均针对穿戴式设备传感的特殊需求，提出了多种不同特色的解决方案，国内企业尚以采购为主。根据社科院发布的《2014 年中国经济形势分析与预测》，国内的传感器芯片进口占比高达 90%。

随着穿戴式计算在国内不断兴起，国内相关传感器件产业如 MEMS 传感器等近两年来取得了较大的进步。如苏州固锝通过收购进军 MEMS 传感器开发领域，现已能够研发高质量的三轴加速度传感器、陀螺仪、压力传感器等。

3. 柔性器件

穿戴设备不断向可植入、可变形、可隐藏等多个方向发展和进化，并在医疗、健康等领域有了广泛应用。柔性器件技术在这一演进过程中起到重要作用。目前在柔性显示、柔性电池等部分领域开始有商用产品出现，但从国内外总体情况来看，该领域尚处于研发阶段，取得了一些极具潜力的成果，如普林斯顿大学的 Sigurd Wagner 等人提出的完整电子皮肤架构和组件设计方法、加州理工学院 Damien C. Rodger 等提出的人造视网膜项目。国内的中科院张珽等研发的柔性触觉传感器具备高灵敏度，甚至可以检测蚂蚁在其上的爬行。

（二）软件平台

受限于设备本身的体积和舒适性等方面的要求，穿戴设备的硬件资源相对有限，难以拓展与延伸。得益于无线通信技术和云计算技术的发展，通过将穿戴式终端和云平台相结合，穿戴式设备的应用前景变得更加广阔。

国际上，哈佛大学 Konrad Lorincz 等人提出了面向高保真移动分析的可穿戴传感网络平台（图 1）。Google 公司将自己的 Google Glass 等穿戴产品和各种云服务捆绑在一起，可以提供强大的服务支持。

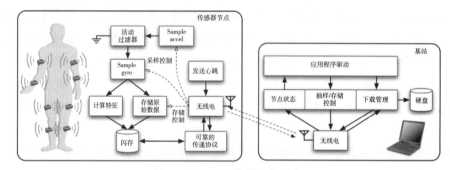

图 1 　Mercury 传感网络平台

国内对于穿戴式设备软件平台也有深入的研究。浙江大学吴朝晖、潘纲等人提出了基于物理场理论的智能影子模型。西北工业大学於志文、郭斌等人尝试了构建大规模协作式感知网络。郑能干等人提出了针对电子织物的系统模型。

在工业界，咕咚运动（图 2）较早提出了基于硬件、软件和 SNS 的物联网社区 2.0 概念。其基于穿戴式智能手环，采集环境和人体数据，通过智能手机、Web 端等可视化平台对用户进行反馈激励。同时支持与社交软件进行交互，对采集到的数据进行大数据分析，挖掘群体特征等。百度、东软（图 3）、中兴、360 等公司也纷纷推出自己的穿戴式计算平台。

图 2 　咕咚运动的生态系统

图3　东软熙康健康服务平台

在操作系统方面，Google 推出了专门针对可穿戴设备的操作系统 Android Wear，该操作系统已经在复杂穿戴式设备应用上有了一席之地，而摩托罗拉的 Moto 360、华为将于2015 年推出的华为 Watch 都将基于 Android Wear 进行适配。此外，微软研究院的 Darko Kirovski 等人提出了面向健康领域的 iHealth OS。LG 的新款智能手表 Watch Urbane LTE 将使用自有的可穿戴式操作平台 Web OS。

我们也注意到，国内在操作系统领域基础相对薄弱，桌面操作系统和移动操作系统是目前相关企业的主攻方向。因此，国内尚没有针对穿戴式设备的通用操作系统推出，更多见的是适配于某一产品的专有操作系统，可移植性较低，拓展性较差。该领域也是自主操作系统下一步研发的重要方向。

（三）关键技术

感知能力和交互能力是穿戴设备最核心的能力。近年来各类新型可穿戴设备的涌现为多种感知和交互技术的融合提供了可能，涌现出许多新技术和新模态。

1. 体感交互

体感交互用肢体动作这一直观方式与设备进行交互，借助于体感交互技术，人们无需借助任何控制设备，可以直接使用肢体动作与数字设备和环境互动，随心所欲地操控。

国外已经推出了多种基于光学的体感交互设备，如微软的 Kinect 体感装置实现了 3D数据捕捉、人体识别和骨骼跟踪等功能；Leap Motion 则通过高精度的红外传感器感知其上方的手指动作。通过佩戴加速度传感器等进行动作捕捉和体感交互也是近年来的研究热点。

国内尚无体感交互商用产品，但已有大量相关研究成果。如电子科技大学移动计算研究中心提出的多模信号协同的体感互动模型（图4）。该模型整合了现有的各种环境设备和穿戴式设备，通过多种方式采集生理信息和环境信息，通过对采集到的多模态信号的整合与建模，进行语义分析和理解，推测用户需求和状态，再经由环境设备进行信息和服务的互动呈现。北京科技大学人工生命与智能软件实验室提出了"虚拟感官"的拟人化交互理念，将设备采集到的信息通过人工神经网络和专家系统等计算方式进行行为分析，实现人体建模，从而做出交互决策，对人进行相关反馈（图5）。

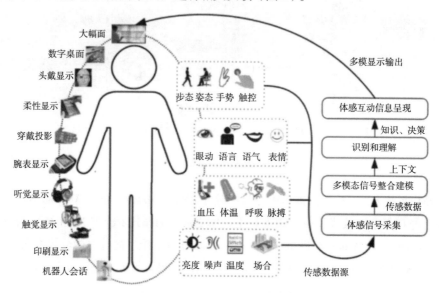

图 4   多模信号协调体感互动框架

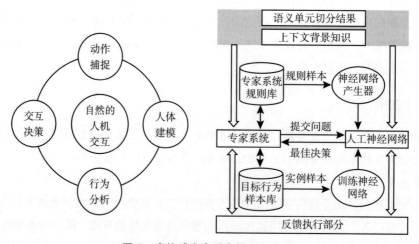

图 5   虚拟感官实现自然人机交互

2. 脑机交互

如何理解人的意图是神经科学、计算机、心理等学科的重要交叉研究领域，围绕这一问题衍生出了多种新型交互模式，脑机交互是这类人机交互模式的代表，显示出巨大的潜力。

国内高校在脑机接口方面进行了大量研究，如浙江大学开发了 FlyingBuddy2 系统，可以利用佩戴在额头的脑电极采集 EGG 脑电信号，并据此控制四轴飞行器。清华大学实现了高性能脑机接口的自动组件选择和基于 VEP 的脑机接口。

3. 行为识别

行为识别主要是利用加速度计、陀螺仪等传感器采集人体运动信息，通过降噪、模式识别等处理后，获得用户手势、用户运动状态等信息，是穿戴设备上的重要交互技术。如三星在 US2014/0139422A1 专利中披露了如何在智能手表中内置若干传感器，并识别一系列手势操作。

国内学者在行为数据分析及服务方面取得了一系列成果。李善平等人提出了一种基于无线传感器网络的社区保健监测系统，适用于慢性病人的监测；有研究者基于压力传感器制作了可检测跌倒的智能鞋设计，可采集人体运动中的脚底压力信息，采用阈值分析与支持向量机相结合的方法对压力值进行分析，判断人体是否跌倒。浙江大学杨峰等设计了一种基于智能手表的交互系统 MagicWatch，利用智能手表配备的加速度、陀螺仪等传感器，识别用户的各种手势，并根据位置、场景、身份等上下文信息推理用户意图进而提供服务。

（四）产品形态和应用服务

主流的产品形态包括以手腕为中心的 Watch 类（包括手表和腕带等产品）、以腿脚为中心的 Shoes 类（包括鞋、袜子或其他腿上佩戴产品），以头部为中心的 Glass 类（包括眼镜、头盔、头带等）以及其他类型的产品形态（如智能服装、拐杖、配饰等）。

近年来，多种基于柔性材料的新型设备不断推出，穿戴设备的形态也不断改变。如斯坦福大学研制的电子皮肤包裹在设备上实现了更好的可变形性和延展性。Innov 实验室和 Joker 科技公司推出的柔性玩具（图 6）加入了触感功能，触摸不同位置玩具会有不同的反应。

可以预见，柔性材料的应用将给未来穿戴设备形态带来大量变化，未来的可穿戴设备可能会以人们意想不到的形态出现，交互模式会与现有设备大相径庭，甚至可能是可以变换成多种形态的设备。

穿戴计算的发展离不开各种传感器的研发与应用以及物品的智能化和联网化。尤其随着云计算的发展，大量穿戴设备将在云平台的支持下提供更强大的服务，如 Dong-Oh Kang 等人提出的普适健康服务框架（图 7）就是一个典型的基于云的穿戴计算服务模式。该模式通过穿戴式设备采集人体的生理信息，将信息借由穿戴式计算机等便携式平台通过网络发送到远程服务器。远端的医生等专业人士就可以利用预处理的生理信息，经过分析后向用户提供健康医疗等建议。

组件：

14 伺服电机	12 触摸传感器
红外传输器/中断器	4 脚踏开关
2 麦克风	1 射频识别传感器
1 检测相机	1 重力传感器
3 操作中央处理器	1 热传感器
1 实时时钟控制器	1 USB接口
1 电池	1 微SD卡插槽

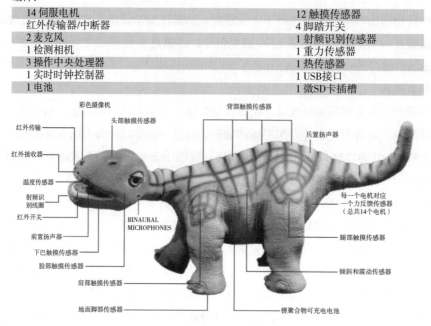

图 6　触感增强的柔性玩具

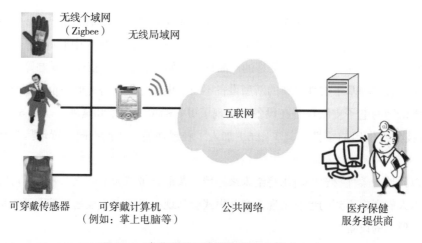

图 7　一个典型的可穿戴设备服务模式

三、国内外研究进展比较

　　国外研究者较早即在穿戴式计算领域开展工作，其研发水平起点高于中国。得益于中国的庞大市场和大量研究资源的投入，中国正在穿戴式计算领域奋起直追。根据 Frost & Sullivan 咨询公司发布的《2013 年中国智能穿戴设备市场研究报告》，仅 2012 年的国内穿戴式设备市场规模已经达到 8.9 亿元，2015 年市场规模将达到 26.1 亿元。从报告中可明显看出，随着国家战略倾斜，在工业界和学术界大力推动下，中国穿戴式计算增速迅猛。对比国内外发展现状，在学术领域和工业化领域体现出如下的特点。

（一）学术领域

穿戴式计算概念源自国外，研究人员来自各个高校、研究所等学术机构，也包括一些国际工业巨头的实验室和小型科技公司。工业界研究者的积极参与，使得穿戴式计算的研究工作目标和导向更为清晰。而国内研究人员主要来自专业学术机构，学科交叉不够充分，同时缺乏市场导向和产业化激励，成果转化路径不够系统，成果产业化程度不高。另外，穿戴式计算的研究涵盖了计算机科学、材料科学、人机工程、通信工程、医疗、生物等多种领域，国内研究由于这些领域的短板也造成了整体上研究进展的相对落后。

然而，得益于穿戴式计算在国内的应用潜力，国内在该领域的研究发展迅猛。在硬件层面上，国内的研究机构尤其是各个大学的团队正与科技产业公司形成越发紧密的合作，在一部分自主传感器研究领域已有一定的突破，如中科院深圳先进技术研究院已能开发完全自主知识产权的医学集成电路芯片。在软件层面上，国内在穿戴式计算服务模型、穿戴式计算数据分析等方面的研究也取得了可喜的进展，部分优秀成果受到国内外研究者的广泛好评和引用。但总体而言，国内的学术和产业界研发工作任重道远，在跟随国外研究进展的同时，还需力争在理念和产品上引领创新浪潮。

（二）工业化领域

国外工业界在半导体、芯片领域明显领先国内，各种规格、精度、尺寸的传感器均有成熟的解决方案和实际产品，包括 MEMS 微机电系统传感器、监测血糖血压血氧的医疗传感器、高精度微小体积的温湿度传感器、压力传感器和加速度传感器等。而国内的传感器硬件领域基础仍比较薄弱，大量的精密传感器需要通过进口才能满足需求。但是近年来国内的传感器厂商通过并购、自主研发，已经能够相对独立地生产符合穿戴式计算要求的传感器，包括微机电系统传感器、各类压力传感器等，且已经获得了国际知名智能设备厂商的认可与采购。

在商用产品方面，虽然国际厂商推出了诸如 Google Glass、Meta 智能眼镜等极富创意和市场前景的穿戴式设备，但国内厂商针对国内的消费水平和市场开发状况，致力于智能手环、智能鞋以及智能医疗设备等领域，也取得了良好的进展。诸如咕咚手环等产品已经在国内有了一定的知名度，其生态系统也正逐步建立。百度等厂商正在大力推动开放的穿戴设备云端协作平台，并据此建立其穿戴设备生态系统。然而总体来看，受限于技术和设计理念的局限，中国的穿戴式计算产品在创新性和技术含量方面还是逊色于国外的产品。

四、发展趋势与展望

（一）发展趋势

从穿戴式计算的概念被提出到今天，穿戴式计算的发展已经历了 40 多年。早期的设备功能单一，大多是离线工作，能提供的信息和服务能力极其有限。近年来，得益于物联网、云计算等技术浪潮的推动，依托 MEMS、材料、数据分析和交互技术的发展，各类新型、异构的穿戴设备从云端得到强大支持，并通过设备协同提供更为复杂的服务。

随着这些技术浪潮的进一步发展，我们认为穿戴设备未来最明显的发展趋势是不断小型化、微型化、异构化，其传感、显示和交互能力日益依赖于基础设施的支持，并最终嵌入直至"消失"在基础设施中，使用户彻底摆脱设备的束缚。在这一趋势下，衍生出了一系列挑战性问题有待突破：

第一，目前的穿戴设备在"解放双手"的同时，给身体的其他部位带来了负担。需要怎样的穿戴设备来进一步解放用户，让用户无障碍地融入信息环境？

第二，如何在不同环境中记录、理解用户的行为，并基于这些理解，跨越用户学习和适应穿戴设备的过程，实现无障碍、自由的人机交互？

第三，在日益微型化的穿戴设备上，用户无法像在 PC 上那样便利地进行信息筛选，因此对信息的精准性等质量要求极高。如何提供高质量信息，实现新型穿戴终端"所见即所需"的要求？

第四，如何构建连续、普遍存在的计算 / 交互基础设施，增强穿戴设备功能，弱化穿戴设备对本身硬件能力的依赖，使其不断小型、微型化，直至"消失"？

总之，穿戴式设备集中体现了多学科的研究成果，其独有优势使其不断强化甚至取代 PC 及智能手机的功能。穿戴式计算充分地体现了"围绕人的服务""消失的计算"等特征，是普适计算的重要载体和平台，衍生出一系列新型计算范式、交互方法，并带来数据分析、服务提供、平台构建等一系列理论问题。同时，穿戴式计算可能演化出未来的新型商业模式，是智能手机之后的全新技术换代和升级。穿戴式计算浪潮将使学术界和工业界迎来一轮新的发展契机。

（二）对策和建议

针对当前穿戴式计算在中国的发展态势和其在国际上的发展趋势，我们提出了如下的对策和建议：

第一，在国家层面，除了进一步落实物联网发展战略以外，对于穿戴式行业应该给予更大的力度支持和科学引导，对基础行业特别是芯片、传感器等做好相关的发展规划，指导行业健康向上发展。

第二，在高校等科研机构方面，需密切追踪国际的发展趋势，对于国际最前沿的研究热点如柔性计算等应及时切入，争取"弯道超车"。

第三，在产业层面，应该促进企业和高校等科研机构合作，及时将有价值的穿戴式计算科研成果产业化。通过产业联盟、国家标准等手段整合资源，推动协同创新，使得穿戴式计算能够发挥更大的价值。

<h2 style="text-align:center">—— 参考文献 ——</h2>

［1］ Modha D S, Ananthanarayanan R, Esser S K, et al. Cognitive computing［J］. Communications of the ACM, 2011, 54（8）: 62–71.

［2］ Yu J, Zong G, Bi S. Fully compliant mechanisms and MEMS［J］. Optics and Precision Engineering, 2001, 9（1）: 1–5.

［3］ Wagner S, Lacour S P, Jones J, et al.Electronic skin: architecture and components［J］. Physica E: Low–dimensional Systems and Nanostructures, 2004,25（2）: 326–334.

［4］ Rodger D C, Weiland J D, Humayun M S, et al. Scalable high lead–count parylene package for retinal prostheses［J］. Sensors and Actuators B: Chemical, 2006, 117（1）: 107–114.

［5］ Lorincz K, Chen B, Challen G W, et al. Mercury: a wearable sensor network platform for high–fidelity motion analysis［C］// SenSys.San Francisco: SenSys, 2009.

［6］ 潘纲，张犁，李石坚，等. 智能影子（SmartShadow）：一个普适计算模型［J］. Journal of Software, 2009, 20（S）: 40–50.

［7］ 郭斌，张大庆，於志文，等. 数字脚印与"社群智能"［J］. 中国计算机协会通讯, 2011, 7（3）: 53–60.

［8］ 郑能干，吴朝晖，林曼，等. 电子织物研究进展［J］. 计算机学报, 2011, 34（7）: 1172–1187.

［9］ Kirovski D, Oliver N, Sinclair M, et al. Health–OS: a position paper［C］// Proceedings of the 1st ACM SIGMOBILE international workshop on Systems and networking support for healthcare and assisted living environments.Puerto Rico: ACM, 2007.

［10］ Yu Y, He D, Hua W, et al. FlyingBuddy 2: a brain–controlled assistant for the handicapped［C］// Proceedings of the Conference on Ubiquitous Computing. Pittsburgh: ACM, 2012.

［11］ Zhang Z, Deng Z. An Automatic SSVEP Component Selection Measure for High–Performance Brain–Computer Interface［C］// Foundations and Practical Applications of Cognitive Systems and Information Processing.Springer Berlin Heidelberg, 2014.

［12］ Wang Y, Wang R, Gao X, et al. A practical VEP–based brain–computer interface［J］. IEEE Transactions on Neural Systems and Rehabilitation Engineering, 2006, 14（2）: 234–240.

［13］ 潘巨龙，李善平，吴震东. 基于无线传感器网络的社区保健监测系统［J］. 中国计量学院学报, 2007, 18（2）: 136–140.

［14］ 石欣，张涛. 一种可穿戴式跌倒检测装置设计［J］. 仪器仪表学报, 2012, 33（3）: 575–580.

［15］ Yang F, Wang S, Li S, et al. MagicWatch: interacting & segueing［C］// Proceedings of the 2014 ACM International Joint Conference on Pervasive and Ubiquitous Computing. Seattle: ACM, 2014.

［16］ Chortos A, Bao Z. Skin–inspired electronic devices［J］. Materials Today, 2014,17（7）: 321–331.

［17］ Kang D O, Lee H J, Ko E J, et al. A wearable context aware system for ubiquitous healthcare［C］// the 28th Annual International Conference of the Engineering in Medicine and Biology Society.Guangzhou，China: IEEE, 2006.

撰稿人：李石坚　潘　纲

ABSTRACTS IN ENGLISH

Comprehensive Report

Advances in Computer Science and Technology

Nowadays, the information technology has a profound impact on the styles of production, cognition and social life of human beings. IT has become an important engine to promote economic growth and knowledge dissemination, as well as a basic technical approach to benefit the public and social development. As the most active, fastest growing and most broad influential area in IT, computer science and technology has played an important role in enhancing the level of industrial technologies, innovating the industrial structures, and promoting economic and social development. Computer science and technology has significantly elevated the reform of traditional industries and the rise of modern service industry and other fields, providing a powerful impetus for national economic development, and profoundly influencing the operation of the social and economic life. Computer science and technology and its application level has become an important criterion to measure a country's comprehensive competitiveness.

In recent years, China has made a series of breakthroughs in terms of building information and communication networks, achieving transformative upgrade on information devices and major information infrastructures, developing knowledge-based data industry, utilizing information technology to upgrade traditional industries and build up low-cost information technology, and constructing national information security systems. China has achieved many outstanding milestone results, great promotion of the research and development level in key technologies, significant enhancement in promoting industrial development and abundant research results in leading-edge technology, which forms a strong technical foundation for the sustainable development of China's information technology and industry. Among them, the representative progress can be categorized by four aspects: computer system architecture, network infrastructure and technologies, computer software and theories, as well as IntelliSense and human-computer interaction.

Summarizing the development of domestic and foreign computer science and technology development, the development in recent years has the following trends: the emergence of multi-core processors and new types of processor; virtualization of hardware resource and programmable management capabilities; system software supporting new computing model; Agile software development and intellectual of the group; adaptability and intelligent software system; practical applications of virtual reality.

It can be expected that in the next few years, the development of computer science and technology will play an important role in information technology revolution, such as the mutual perception of human-computer smart sensing and control technology, big data storage, analysis and visualization which spawned big data science, future Internet technology not limited by TCP /IP protocol, the rise of cloud computing and Internet of Things which promotes the evolution of IT penetration mode and application mode, and so on. New features of computer science and technology research and application mode will be reflected in: discovery of social and scientific phenomena based on big data analysis and processing; man-machine-confluent integration computing which is enabled by perception / decision / control integration; distribution of service according to need under mobile Internet and cloud computing architecture; and brain-computer and humanoid robot brain-computer interface based on brain cognition, and so on.

Written by Jin Zhi

Reports on Special Topics

Advances in High Performance Computing Technology

High performance computing, theory and experiment, regarded as the three major methods of science and engineering research, are the important aspects of technological innovations and the engine promoting the development of national security and power. However, only by applying HPC to applications which are significant to industries connected to the nation security and development, boosting technological innovations effectively and improving engineering designs and the level of scientific understanding, can HPC achieves such value.

In last five years, domestic HPC appeared at TOP 500 List frequently and We have built national HPC centers at Tianjin, Changsha, Shenzhen, Guangzhou, Jinan successively. Together with CAS HPC center and Shanghai HPC center, those national HPC centers have formed an preliminary national HPC environment. National HPC environment constitutes the hardware support environment for high performance computing applications and this hardware support environment has reached the international advanced level.

This report summarizes the current domestic and overseas development trends and recent progresses in high performance computing technology. It includes our existing infrastructures and technological reserves. In particular, the future tendencies and requirements are provided and the corresponding development polices are proposed.

Written by Qian Depei, Xie Xianghui, Chi Xuebin, Mo Zeyao, Zhang Yunquan, Yuan Liang

Advances in "China Cloud" Project

Cloud computing leads global information to further focus on all aspects of the collection, transmission, storage, processing. Its technologies deeply influence the national security and industrial development, as the supporting technologies for the strategic development of high-tech and related industries in all countries. China Cloud, as an important form of the next generation of information technology, adapts to the technical challenges of Internet user scale and market characteristics; provides credible, usable, steady information services; incubates and develops the next generation of information industries; promotes China's information industry and modern service industries; accelerates the upgrading of the traditional industries; and improves the national competitiveness.

Written by Guan Haibing, Hu Chunming, Zhang Dong

Advances in Big Data

In recent years, big data has swept the world. It has rapidly developed into a hotspot to which academia, industries and even governments around the world pay much attention. Big Data is an emerging industry with a sense of national strategy, after cloud computing, Internet of things, and mobile Internet. It has penetrated into every field of industries and business functions, and has gradually become an important production factor. This paper first introduces the domestic and international development of big data. It then makes a brief introduction to the application status of big data in four representative industries, including Internet, finance, telecommunications and healthcare. Next, it briefly presents an overview of the disciplinary and industrial development trends of big data, and proposes a few strategies and recommendations to its development.

Written by Cheng Xueqi, Pan Zhuting, Jin Xiaolong, Yang Jing

Advances in CPS and IoT

As a new paradigm of computer network technology, Internet of Things (IoT) is built upon conventional information carriers, such as Internet and telecommunications networks, and connects all addressable independent objects. IoT technology achieves fast progress in the past five years, with numerous research results proposed by the community. Using the four-layer architecture of IoT as the index, we in this report introduce the latest research progress of IoT in the layers of Sensing and Identification, Networking, System Management, and Applications and Services, respectively. The state of the arts of IoT research in domestic and foreign communities is compared and analyzed. We further briefly introduce the trend of future development of IoT, by discussing two important research directions, i.e. crowd sensing and backscatter communications.

Written by Liu Yunhao, He Yuan

Advances in Deep Learning

Deep learning is a set of algorithms in machine learning based on hierarchical architecture. Deep learning attempts to learn multiple levels of representation and abstraction from data. In this paper, we review recent advances in the area of deep learning and its applications, discuss the main challenges and the future development of deep learning.

Written by Feng Jufu, Wang Liwei, Hu Zhanyi

Advances in Health Sensing and Computing

With the constant progress of information technology, especially the recent surge of sensing technology and wearable devices, both the industry and academic communities have been paying close attention to the research of health-oriented sensing and computing. Meanwhile, the wide spread of chronic illnesses leads to a heavy economic burden to the modern society, and we must reform the current medical treatment and health care system and technology, which is attracting more and more attentions from countries all over the world. In this report, we first elaborate the development status and recent research results of health-oriented sensing and computing, and then prospects its future development trend.

Written by Zhou Xingshe, Wang Zhu, Ni Hongbo, Wang Tianben

Advances in Wearable Computing : from Devices to Environment

This report analyzes the state-of-art about wearable devices, system and environments. As we can see, from the basic components to software platform, there are still some gaps between domestic and abroad. For example, it's almost blank in computing chips and senior sensory components in domestic. As for operation systems and middleware for wearable devices, we still are caught in state of imitation and transformation based on existing abroad systems. We also notices that our scientific institution and industrial enterprise have pay more and more efforts to the field of wearable devices. In many fields like flexible sensors, the development speed of technology is very hopeful,

On the other hand, we also introduce the status of some important technologies of wearable computing such as somatosensory interaction, brain-computer interaction, behavior recognition and mining. In these field, the domestic researcher has maked impressive progress and got many innovative results.

As mentioned above, in China it is relative weak in sensory chips and operation systems. But China also has advantages in some key software technologies and marketization size. According to this condition, we proposed some advices in following aspects: 1. For national level, policy support for wearable computing is important and necessary, especially for the basically research like computing chips, senior sensory chips and so on. 2. For research institution level, more efforts need to be made in specific fields. We also should keep pace with the forefront of the industry and propose our creative ideas. 3. For industry level, cooperation with research institution is necessary. Research results should be transformed into market product so as to give positive feedback to the research. Product marketization also will promote the research of the whole industry.

Written by Li Shijian, Pan Gang

索　引